STARK

# KOMPAKT-WISSEN
# MATHEMATIK

Alfred Müller

# Wahrscheinlichkeitsrechnung und Statistik

Bildnachweis:
Umschlag: © Elke Hannmann/ pixelio.de

ISBN 978-3-89449-566-4


www.stark-verlag.de
1. Auflage 2002

# Inhalt



*Fortsetzung siehe nächste Seite*

**Autor:** Alfred Müller

# Vorwort

Liebe Schülerinnen und Schüler,

dieser Band der Reihe „Kompakt-Wissen" bietet Ihnen den Unterrichtsstoff der Wahrscheinlicheitsrechnung und der Statistik auf das für das Abitur notwendige Wissen reduziert dargestellt.

- Der prüfungsrelevante Unterrichtsstoff wird **verständlich erklärt**.
- Wichtige **Definitionen, Merksätze** und **Anleitungen zu statistischen Tests** sind hervorgehoben.
- Durch charakteristische und prägnante **Beispiele** aus der Schulpraxis wird der Unterrichtsstoff verdeutlicht.
- Viele **Schaubilder** und **Grafiken** veranschaulichen den Stoff zusätzlich.

Somit ist dieses Buch ideal zum schnellen Nachschlagen von Begriffen, zur zeitsparenden Wiederholung von Unterrichtsstoff und zur intensiven Vorbereitung auf Klausuren und das Abitur.

Ihr

Alfred Müller

# Zufallsexperimente

## 1 Ergebnisse und Ergebnisraum

Die Wahrscheinlichkeitsrechnung beschäftigt sich mit der Erforschung zufälliger Erscheinungen, um aus ihnen Vorhersagen für die Wahrscheinlichkeit ihres Eintretens zu machen. Dazu wird eine Reihe von Grundbegriffen benötigt.
Es gibt viele Experimente, z. B. in der Physik, bei denen unter bestimmten Voraussetzungen das Ergebnis genau vorausgesagt werden kann. In der Wahrscheinlichkeitsrechnung gilt dagegen:

**Zufallsexperiment und Ergebnisse**
Ein Experiment, bei dem der einzelne Ausgang nicht voraussagbar ist, heißt **Zufallsexperiment**. Jeder mögliche Ausgang des Zufallsexperiments heißt **Ergebnis $\omega$**. Die Menge $\Omega = \{\omega_1, \omega_2, \ldots, \omega_n\}$ aller möglichen Ergebnisse eines Zufallsexperiments heißt **Ergebnisraum (Ergebnismenge)**, wobei $|\Omega|$, die **Mächtigkeit** des Ergebnisraumes, die Anzahl der möglichen Ergebnisse in $\Omega$ angibt.

**Beispiel**

Einmaliges Ziehen aus einer **Urne** mit acht gleichartigen Kugeln, von denen fünf rot (r), zwei schwarz (s) und eine grün (g) sind.
$\Omega = \{r, s, g\} \quad \Rightarrow \quad |\Omega| = 3$

Dabei ist eine Urne als Zufallsgerät so beschaffen, dass sie Kugeln gleicher Größe und Beschaffenheit enthält, die sich nur durch ein Merkmal wie Farbe, aufgeschriebene Zahl etc. unterscheiden. Aus dieser Urne soll ein Ziehen so möglich sein, dass man erst nach dem Ziehen feststellen kann, welches Merkmal die Kugel trägt.

**Mehrstufiges Zufallsexperiment und Baumdiagramm**
Ein Zufallsexperiment heißt **mehrstufiges Zufallsexperiment**, wenn es aus mehreren Schritten besteht. Dabei können verschiedene Zufallsexperimente hintereinander oder ein einzelnes mehrmals ausgeführt werden. Mehrstufige Zufallsexperimente können mithilfe eines **Baumdiagramms** dargestellt werden.

**Beispiel** 1. Eine Münze wird zweimal hintereinander geworfen und die jeweils oben liegenden Seiten (Zahl Z oder Wappen W) werden als Paare angegeben. Zeichne ein Baumdiagramm und bestimme den Ergebnisraum.

Lösung:

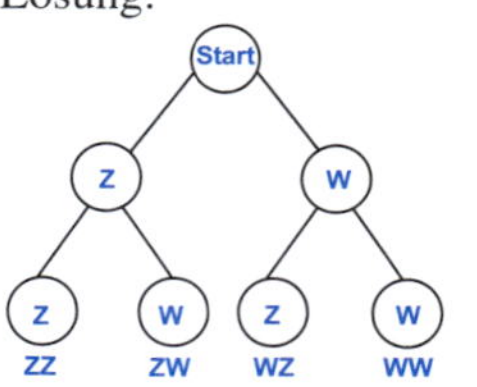


$\Omega = \{ZZ, ZW, WZ, WW\}$

2. Aus einem Lostopf mit einem Gewinnlos und fünf Nieten werden zwei Lose nacheinander gezogen. Zeichne ein Baumdiagramm und bestimme den Ergebnisraum.

Lösung:

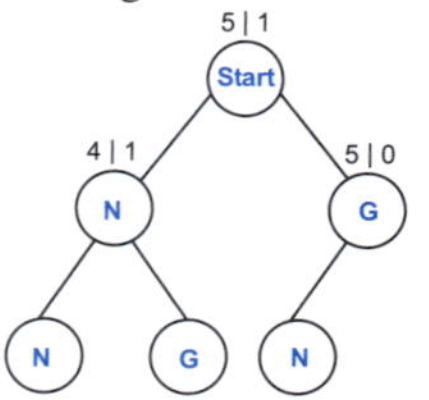


$\Omega = \{NN, NG, GN\}$
Das Ergebnis GG ist nicht möglich.

Schreibt man die Ergebnisse eines mehrstufigen Zufallsexperiments auf, so erhält man eine Abfolge von n Einzelergebnissen.

**Pfad im Baumdiagramm**
Die Ergebnisse eines **n-stufigen Zufallsexperiments** sind **n-Tupel** $a_1a_2 \ldots a_n$, wobei jedes $a_i$, $i = 1, \ldots, n$ irgendein Ergebnis des einstufigen Zufallsexperiments ist. Jedes n-Tupel entspricht einem **Pfad** durch den Baum.

Beispiel

1. Aus einer Urne mit sechs Kugeln, fünf roten und einer schwarzen, werden drei Kugeln **mit** Zurücklegen gezogen. Bestimme jeweils die Ergebnismenge mithilfe eines Baumdiagramms. Der Urneninhalt bleibt stets gleich.

   Lösung:

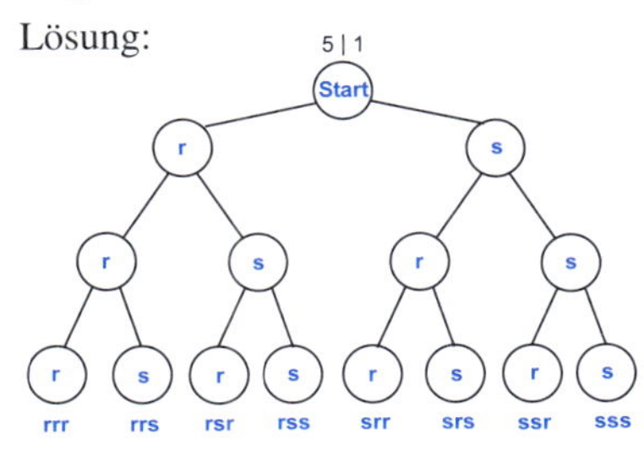


   Das Ergebnis ist ein Tripel (3-Tupel) aus den Einzelergebnissen r und s.
   $\Omega = \{rrr, rrs, rsr, rss, srr, srs, ssr, sss\} \Rightarrow |\Omega| = 8$

2. Aus einer Urne mit sechs Kugeln, fünf roten und einer schwarzen, werden drei Kugeln **ohne** Zurücklegen gezogen. Der Urneninhalt ändert sich von Zug zu Zug. Er wird in jeder Stufe in Kurzform angegeben.

   Lösung:

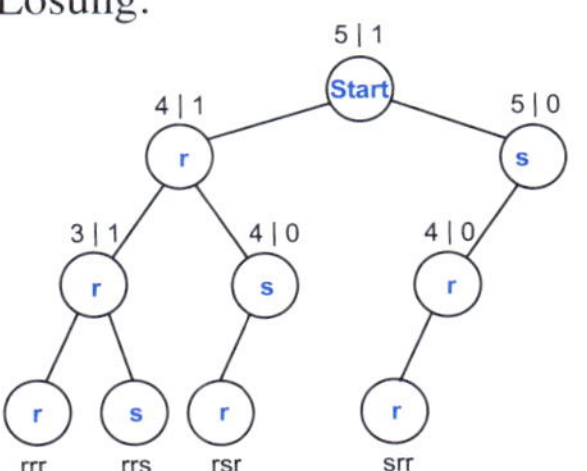


   Das Ergebnis ist ein Tripel (3-Tupel) aus den Einzelergebnissen r und s.
   $\Omega = \{rrr, rrs, rsr, srr\}$
   $\Rightarrow \ |\Omega| = 4$

# 2 Ereignisse und Ereignisraum

## 2.1 Definition des Ereignisses

Nicht immer interessiert man sich für alle möglichen Ergebnisse eines Zufallsexperiments. Man beschränkt sich auf eine Auswahl und definiert:

> **Ereignis**
> Jede Teilmenge des endlichen Ergebnisraumes $\Omega$ heißt **Ereignis A**, d. h. $A \subseteq \Omega$. Ein Ereignis $\{\omega\}$, d. h. eine Teilmenge mit nur einem Ergebnis, heißt **Elementarereignis**. Die Menge aller Ereignisse heißt **Ereignisraum $P(\Omega)$**.

**Beispiel** Werfen eines Würfels und Feststellen der Augenzahl
$\Rightarrow \quad \Omega = \{1, 2, 3, 4, 5, 6\}$
Ereignis A: „Augenzahl gerade" $\Rightarrow \quad A = \{2, 4, 6\}$

Darstellungsmöglichkeiten:

Mengendiagramm

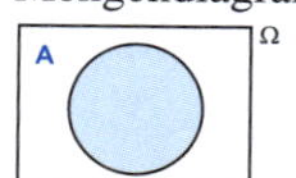


Feldertafel

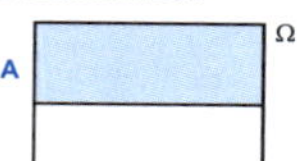


Im Folgenden wird die Gesamtzahl aller Ereignisse untersucht.

**Beispiel** $\Omega = \{0, 1, 2\}$. Gesucht sind alle möglichen Ereignisse, d. h. $P(\Omega)$. $P(\Omega)$ enthält:

$\varnothing$ (leere Menge = **unmögliches** Ereignis)
$\{0\}, \{1\}, \{2\}$
$\{0, 1\}, \{0, 2\}, \{1, 2\}$
$\{0, 1, 2\}$ ($\Omega$ = **sicheres** Ereignis)
$P(\Omega) = \{\varnothing, \{0\}, \{1\}, \{2\}, \{0,1\}, \{0,2\}, \{1,2\}, \{0, 1, 2\}\}$
$\Rightarrow \quad |P(\Omega)| = 2^3 = 8$

Entsprechendes gilt allgemein:

> **Mächtigkeit des Ereignisraumes**
> Hat der Ergebnisraum Ω die Mächtigkeit n, d. h. **$|\Omega| = n$**,
> dann hat der Ereignisraum $P(\Omega)$ die Mächtigkeit **$|P(\Omega)| = 2^n$**.

## 2.2 Verknüpfungen von Ereignissen und Ereignisalgebra

Zwei Ereignisse A und B eines Ereignisraumes Ω lassen sich auf verschiedene Weisen miteinander verknüpfen. Die Verknüpfungen und ihre Darstellungen werden anhand eines Beispiels erläutert.

**Beispiel**

Ein Würfel wird einmal geworfen und die Augenzahl festgestellt. Betrachtet werden die Ereignisse A: „Augenzahl gerade", d. h. $A = \{2, 4, 6\}$ und B: „Augenzahl prim", d. h. $B = \{2, 3, 5\}$

A **und** B: $A \cap B$
und = und zugleich
$A \cap B = \{2\}$

A **oder** B: $A \cup B$
oder = oder auch
$A \cup B = \{2, 3, 4, 5, 6\}$

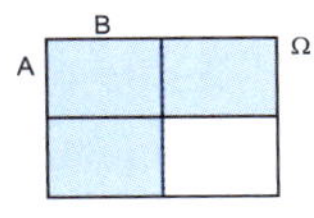


**Nicht** A: $\overline{A}$
Gegenereignis zu A
$\overline{A} = \{1, 3, 5\}$

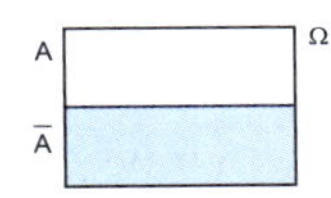


Zwei Ereignisse lassen sich folglich mit einer Vierfeldertafel verknüpfen:

| | B | $\overline{B}$ |
|---|---|---|
| A | $A \cap B$ | $A \cap \overline{B}$ |
| $\overline{A}$ | $\overline{A} \cap B$ | $\overline{A} \cap \overline{B}$ |

Ω

Für das Verknüpfen von Ereignissen aus $P(\Omega)$ mit den Verknüpfungen $\cap, \cup, -$ **(Ereignisalgebra)** gelten folgende Gesetze:

1. **Kommutativgesetze:**
   $A \cap B = B \cap A$ $\quad$ $A \cup B = B \cup A$
2. **Assoziativgesetze:**
   $(A \cap B) \cap C = A \cap (B \cap C)$ $\quad$ $(A \cup B) \cup C = A \cup (B \cup C)$
3. **Distributivgesetze:**
   $A \cap (B \cup C) = (A \cap B) \cup (A \cap C)$ $\quad$ $A \cup (B \cap C) = (A \cup B) \cap (A \cup C)$
4. **Idempotenzgesetze:**
   $A \cap A = A$ $\quad$ $A \cup A = A$
5. **Absorptionsgesetze:**
   $A \cap (A \cup B) = A$ $\quad$ $A \cup (A \cap B) = A$
6. **Gesetze von de Morgan:**
   $\overline{A \cap B} = \overline{A} \cup \overline{B}$ $\quad$ $\overline{A \cup B} = \overline{A} \cap \overline{B}$
7. **Neutrale Elemente:**
   $A \cap \Omega = A$ $\quad$ $A \cup \varnothing = A$
8. **Dominante Elemente:**
   $A \cap \varnothing = \varnothing$ $\quad$ $A \cup \Omega = \Omega$
9. **Komplement:**
   $A \cap \overline{A} = \varnothing$ $\quad$ $A \cup \overline{A} = \Omega$
10. **Doppeltes Komplement:**
    $\overline{\overline{A}} = A$

**Beispiel** Das Ereignis E: „Entweder A oder B“ kann durch

$\mathbf{E = (A \cap \overline{B}) \cup (\overline{A} \cap B)}$

dargestellt werden.

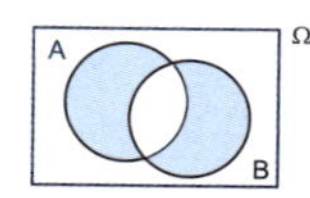


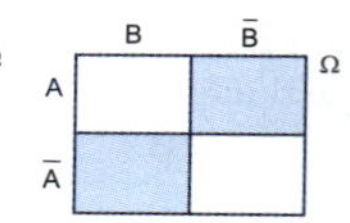

Wie bei den Ereignissen A und $\overline{A}$ mit $A \cap \overline{A} = \emptyset$ können auch mehrere Ereignisse eine leere Schnittmenge besitzen. Man legt fest:

**Unvereinbare Ereignisse**

Die Ereignisse $A_1, A_2, \ldots, A_n$ heißen **disjunkt** oder **unvereinbar**, wenn $A_1 \cap A_2 \cap \ldots \cap A_n = \emptyset$ gilt (Für zwei Ereignisse: A, B unvereinbar, wenn $A \cap B = \emptyset$ gilt).

Die Ereignisse $A_1, A_2, \ldots, A_n$ heißen **Zerlegung** von $\Omega$, wenn die Ereignisse $A_i$ paarweise disjunkt sind und $A_1 \cup A_2 \cup \ldots \cup A_n = \Omega$ gilt (für zwei Ereignisse: $A \cap \overline{A} = \emptyset$ und $A \cup \overline{A} = \Omega$ ).

**Beispiel**

$\Omega = \{a, b, c, d, e\}$ und $A = \{a, b\}$

Ergänze ein Ereignis B (zwei Ereignisse B und C) so, dass sie mit A eine Zerlegung von $\Omega$ bilden.

Lösung:

$A = \{a, b\} \quad \Rightarrow \quad B = \{c, d, e\} \quad \Rightarrow \quad A \cap B = \emptyset \quad \wedge \quad A \cup B = \Omega$

bzw.

$A = \{a, b\} \quad \Rightarrow \quad B = \{c, d\}, C = \{e\}$

$\Rightarrow \quad A \cap B = A \cap C = B \cap C = \emptyset \quad \wedge \quad A \cup B \cup C = \Omega$

# Wahrscheinlichkeit

## 1 Relative Häufigkeit

Wenn man ein Zufallsexperiment n-mal ausführt, erhält man eine endliche Anzahl von Versuchsergebnissen. Diese untersucht man genauer, um Rückschlüsse auf das Experiment bzw. auf die Vorhersagbarkeit des Auftretens eines Ereignisses zu erhalten. Dazu definiert man:

**Relative Häufigkeit**
Das Ereignis A tritt bei n Versuchen k-mal ein. Dann heißt die Zahl $h_n(A) = \frac{k}{n}$ die relative Häufigkeit des Ereignisses A in der Versuchsfolge.
Die relative Häufigkeit eines Ereignisses A besitzt die folgenden Eigenschaften:

- $0 \leq h_n(A) \leq 1$
- $h_n(A) = \sum_{\omega \in A} h_n(\{\omega\})$
- $h_n(\Omega) = 1$
- $h_n(\varnothing) = 0$
- $h_n(A \cup B) = h_n(A) + h_n(B) - h_n(A \cap B)$
- $h_n(\overline{A}) = 1 - h_n(A)$

**Beispiel** Ein Würfel wird 50-mal geworfen. Die Ergebnisse sind in der folgenden Tabelle zusammengefasst, wobei die relative Häufigkeit sowohl als gemeiner Bruch (ungekürzt), als Dezimalbruch oder als Prozentwert angegeben werden kann.

| Ereignis | 1 | 2 | 3 | 4 | 5 | 6 |
|---|---|---|---|---|---|---|
| Absolute Häufigkeit | 10 | 8 | 7 | 9 | 6 | 10 |
| Relative Häufigkeit | $\frac{10}{50}$ | $\frac{8}{50}$ | $\frac{7}{50}$ | $\frac{9}{50}$ | $\frac{6}{50}$ | $\frac{10}{50}$ |
| | 0,20 | 0,16 | 0,14 | 0,18 | 0,12 | 0,20 |
| | 20 % | 16 % | 14 % | 18 % | 12 % | 20 % |

Das Ereignis A: „Augenzahl gerade“ besitzt die folgende relative Häufigkeit:

$$h_{50}(A) = \frac{8+9+10}{50} = \frac{27}{50} = 54\,\%$$

# 2 Wahrscheinlichkeit eines Ereignisses

## 2.1 Empirisches Gesetz der großen Zahlen

Um einem Ereignis eine Wahrscheinlichkeit zuzuordnen, wird man versuchen z. B. durch Symmetrien von Zufallsgeräten (z. B. wird beim idealen Würfel keine Augenzahl bzw. bei einer idealen Münze keine Seite bevorzugt) und unter der Annahme des gleichwahrscheinlichen Auftretens aller Elementarereignisse eine Wahrscheinlichkeit zu definieren.
Zeigt das Zufallsexperiment keine erkennbaren Ansätze für die zu definierenden Wahrscheinlichkeiten, kann man sich einen Überblick mithilfe der empirisch gewonnenen relativen Häufigkeiten machen.
Es gilt das

**Empirische Gesetz der großen Zahlen**
Nach einer hinreichend großen Anzahl von Versuchen ist die relative Häufigkeit $h_n(A)$ eines Ereignisses A ungefähr gleich einem festen Zahlenwert, d. h. die relative Häufigkeit stabilisiert sich.

Man kann das empirische Gesetz der großen Zahlen nicht für die Definition einer Wahrscheinlichkeitsverteilung hernehmen, weil sich die relative Häufigkeit von Versuch zu Versuch ändert, aber man kann davon ausgehen, dass die relativen Häufigkeiten um eine Zahl schwanken, die man die Wahrscheinlichkeit P(A) des Ereignisses nennt. Die Wahrscheinlichkeit eines Ereignisses existiert und bei einer hinreichend großen Zahl von Versuchsausführungen ist es praktisch sicher, dass die relative Häufigkeit ungefähr gleich der Wahrscheinlichkeit P(A) ist, d. h. es gilt $h_n(A) \approx P(A)$.

**Beispiel** Ein Würfel wurde 300-mal geworfen und nach jeweils 30 Würfen wurde die relative Häufigkeit für das Ereignis A: „Augenzahl 6" berechnet. Die folgende Grafik zeigt $h_n(A)$ in Abhängigkeit von n.

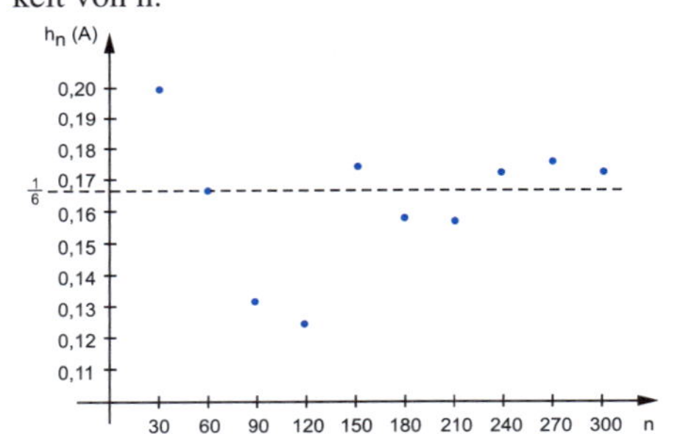


## 2.2 Definition einer Wahrscheinlichkeitsverteilung

1933 gelang es A. N. Kolmogorow (1903–1987) drei Axiome anzugeben, die genügen, um eine Theorie der Wahrscheinlichkeit aufzubauen. Die drei Axiome orientieren sich an den Eigenschaften der relativen Häufigkeit.

**Kolmogorow-Axiome**
Eine Funktion P: $P(\Omega) \to \mathbb{R}$, die jedem Ereignis $A \in P(\Omega)$ eine Wahrscheinlichkeit P(A) zuordnet, heißt **Wahrscheinlichkeitsverteilung über Ω**, wenn für die Ereignisse $A, B \in P(\Omega)$ gelten:

1. **Nichtnegativität:** $P(A) \geq 0$
2. **Normiertheit:** $P(\Omega) = 1$
3. **Additivität:** $A \cap B = \varnothing \Rightarrow P(A \cup B) = P(A) + P(B)$

Aus diesen Axiomen lassen sich folgende Eigenschaften der Wahrscheinlichkeitsverteilung herleiten:

(1) $\mathbf{P(\overline{A}) = 1 - P(A)}$

(2) $\mathbf{P(\varnothing) = 0}$

(3) $\mathbf{0 \leq P(A) \leq 1}$

(4) $\mathbf{A = \bigcup_{\omega \in A} \{\omega\} \Rightarrow P(A) = \sum_{\omega \in A} P(\{\omega\})}$

Es genügt die Wahrscheinlichkeit aller Elementarereignisse zu kennen.

(5) $\mathbf{P(A \cup B) = P(A) + P(B) - P(A \cap B)}$

$P(A \cup B)$ kann man aus Mengendiagramm und Vierfeldertafel direkt gewinnen:

$P(A \cup B) = P(A \cap \overline{B}) + P(A \cap B) + P(\overline{A} \cap B)$

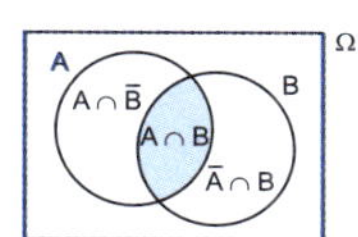


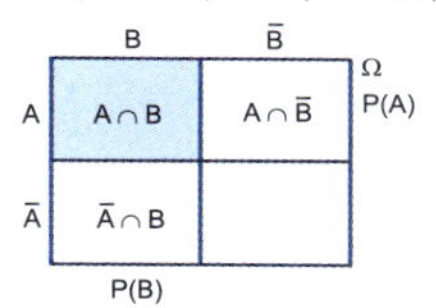


Eine Verallgemeinerung dieser Vereinigungswahrscheinlichkeit auf beliebig viele Ereignisse liefert der **Satz von Sylvester**. Für drei Ereignisse gilt z. B.:

$$P(A \cup B \cup C) = P(A) + P(B) + P(C) - P(A \cap B) - P(A \cap C) - P(B \cap C) + P(A \cap B \cap C)$$

Beispiele für Wahrscheinlichkeitsverteilungen: **Beispiel**

1. Ideale Münze mit den Seiten W und Z

Einmaliger Münzenwurf

| Ω | W | Z |
|---|---|---|
| P({ω}) | $\frac{1}{2}$ | $\frac{1}{2}$ |

Zweimaliger Münzenwurf

| Ω | WW | WZ | ZW | ZZ |
|---|---|---|---|---|
| P({ω}) | $\frac{1}{4}$ | $\frac{1}{4}$ | $\frac{1}{4}$ | $\frac{1}{4}$ |

2. Urne mit drei roten, zwei schwarzen und einer weißen Kugel. Es wird eine Kugel gezogen.

| Ω | r | s | w |
|---|---|---|---|
| P({ω}) | $\frac{3}{6}$ | $\frac{2}{6}$ | $\frac{1}{6}$ |

## 2.3 Mehrstufige Zufallsexperimente und Pfadregeln

Ein mehrstufiges Zufallsexperiment lässt sich in einem Baumdiagramm darstellen, wobei ein Elementarereignis als ein Pfad in diesem Baumdiagramm gedeutet werden kann. Bei der Berechnung der Wahrscheinlichkeit der Ereignisse helfen die Pfadregeln.

**Pfadregeln**

Die Summe aller Wahrscheinlichkeiten, die von einem Verzweigungspunkt ausgehen, ist stets 1.

Die **1. Pfadregel** liefert die Wahrscheinlichkeit eines Elementarereignisses: In einem mehrstufigen Zufallsexperiment erhält man die Wahrscheinlichkeit eines Elementarereignisses als das Produkt der Wahrscheinlichkeiten auf den Teilstrecken des Pfades, der zu diesem Elementarereignis führt.

Die **2. Pfadregel** liefert die Berechnung der Wahrscheinlichkeit eines Ereignisses: Die Wahrscheinlichkeit eines Ereignisses erhält man als Summe der Wahrscheinlichkeiten aller Pfade, die zu diesem Ereignis führen.

Beispiel 1. Eine Urne enthält sechs Kugeln, drei rote, zwei schwarze und eine weiße. Es werden zwei Kugeln nacheinander **ohne** Zurücklegen gezogen. Bestimme die Wahrscheinlichkeiten der Elementarereignisse.

Lösung:
Aus dem jeweiligen Urneninhalt erhält man die Wahrscheinlichkeitsverteilung der einzelnen Stufen.

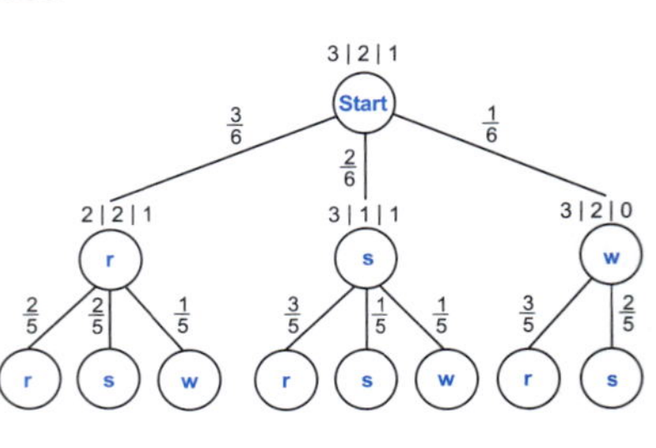

Die Wahrscheinlichkeit des Elementarereignisses {rr} erhält man über

$P(\{rr\}) = \frac{2}{5}$ von $\frac{3}{6} = \frac{3}{6} \cdot \frac{2}{5} = \frac{6}{30} = 20\,\%$

| $\omega$ | rr | rs | rw | sr | ss | sw | wr | ws |
|---|---|---|---|---|---|---|---|---|
| $P(\{\omega\})$ | $\frac{6}{30}$ | $\frac{6}{30}$ | $\frac{3}{30}$ | $\frac{6}{30}$ | $\frac{2}{30}$ | $\frac{2}{30}$ | $\frac{3}{30}$ | $\frac{2}{30}$ |

Kontrolle: $\sum\limits_{\omega \in \Omega} P(\{\omega\}) = 1$

2. Gleiche Urne und gleiches Experiment wie im Beispiel 1 auf Seite 14. Gesucht ist die Wahrscheinlichkeit des Ereignisses A: „Beide gezogenen Kugeln sind gleichfarbig“.

   Lösung:

   $P(A) = P(\{rr\}) + P(\{ss\}) = \frac{6}{30} + \frac{2}{30} = \frac{8}{30} = 26{,}67\,\%$

3. Gleiche Urne wie im Beispiel 1 auf Seite 14, aber es werden zwei Kugeln **mit** Zurücklegen gezogen.
   Bestimme die Wahrscheinlichkeit des Ereignisses A: „Beide gezogenen Kugeln sind gleichfarbig“.

   Lösung:
   Die Wahrscheinlichkeiten bleiben von Zug zu Zug gleich.

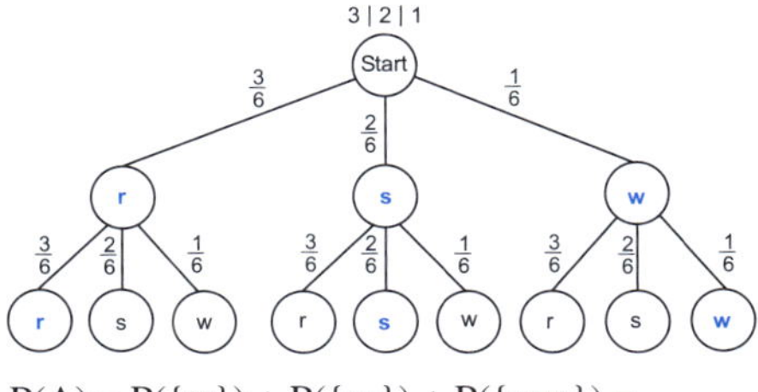


$P(A) = P(\{rr\}) + P(\{ss\}) + P(\{ww\}) =$

$= \left(\frac{3}{6}\right)^2 + \left(\frac{2}{6}\right)^2 + \left(\frac{1}{6}\right)^2 =$

$= \frac{9}{36} + \frac{4}{36} + \frac{1}{36} = \frac{14}{36} = 38{,}89\,\%$

4. Bei der Produktion eines Massenartikels ist ein Artikel mit einer Wahrscheinlichkeit von 15 % defekt.

   a) Der laufenden Produktion werden fünf Artikel entnommen. Mit welcher Wahrscheinlichkeit
      (1) erhält man keinen defekten Artikel,
      (2) ist der dritte entnommene Artikel der einzige defekte,
      (3) ist genau einer der Artikel defekt?

   b) Der laufenden Produktion werden n Artikel entnommen. Wie groß muss n mindestens sein, um mit einer Wahrscheinlichkeit von mehr als 99 % mindestens einen defekten Artikel zu finden?

   c) Wie viele Artikel darf man höchstens entnehmen, damit es sich lohnt, darauf zu wetten, dass darunter kein defekter Artikel ist? „faires Spiel = 50:50"

Lösung:

a) Ein Baum aus fünf Stufen ist umfangreich und unübersichtlich. Deshalb zeichnet man nur die Pfade, die interessieren.
   Bezeichnung: 1: Artikel in Ordnung 0: Artikel defekt

(1) 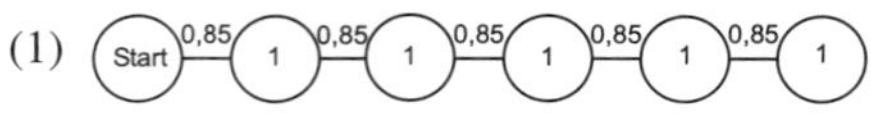


$P(E_1) = 0{,}85^5 = 44{,}37\ \%$

(2) Start —0,85— 1 —0,85— 1 —0,15— 0 —0,85— 1 —0,85— 1

$P(E_2) = 0{,}85^4 \cdot 0{,}15 = 7{,}83\ \%$

(3) Der einzige defekte Artikel kann als erster, zweiter, … entnommen werden, d. h.

$P(E_3) = 5 \cdot P(E_2) = 5 \cdot 0{,}85^4 \cdot 0{,}15 = 39{,}15\,\%$

b) Es gilt stets: P(mindestens ein ...) = 1 – P (kein ...)

$$1 - P(\text{kein defekter Artikel}) > 0{,}99$$

$$1 - 0{,}85^n > 0{,}99$$

$$0{,}85^n < 0{,}01$$

$$n \cdot \ln 0{,}85 < \ln 0{,}01 \quad \Big|: \ln 0{,}85 < 0\ (!)$$

$$n > \frac{\ln 0{,}01}{\ln 0{,}85} = 28{,}34 \;\Rightarrow\; n \geq 29$$

Es müssen mindestens 29 Artikel entnommen werden.

c) Es lohnt sich auf ein Ereignis zu wetten, wenn dessen Wahrscheinlichkeit größer als 50 % ist. Im Beispiel muss gelten:

$$0{,}85^n > 0{,}5$$

$$n \cdot \ln 0{,}85 > \ln 0{,}5 \quad \Big|: \ln 0{,}85 < 0\ (!)$$

$$n < \frac{\ln 0{,}5}{\ln 0{,}85} = 4{,}26 \;\Rightarrow\; n \leq 4$$

Es dürfen höchstens vier Artikel entnommen werden.

# Laplace-Wahrscheinlichkeiten

## 1 Kombinatorik

Im Folgenden werden zur Berechnung von Wahrscheinlichkeiten Anzahlen von Ergebnissen benötigt. Um ein langwieriges Abzählen zu vermeiden, werden die Berechnungsformeln der Kombinatorik verwendet.

### 1.1 Laplace-Wahrscheinlichkeit und allgemeines Zählprinzip

Die Berechnung von Wahrscheinlichkeiten wird besonders einfach, wenn alle Elementarereignisse die gleiche Wahrscheinlichkeit besitzen, d. h. wenn $P(\{\omega_1\}) = P(\{\omega_2\}) = ... = P(\{\omega_n\}) = p$ gilt.
Eine solche Wahrscheinlichkeitsverteilung heißt **gleichmäßig**. Da Pierre Laplace in seinen Überlegungen zur Wahrscheinlichkeitstheorie mit solchen Verteilungen gearbeitet hat, nennt man Experimente, die auf eine gleichmäßige Wahrscheinlichkeitsverteilung führen, **Laplace-Experimente**, die zugehörigen Ereigniswahrscheinlichkeiten **Laplace-Wahrscheinlichkeiten**. Für solche Wahrscheinlichkeiten gilt:
Aus $|\Omega| = n$ und $P(\Omega) = 1$ folgt, dass $p = \frac{1}{n}$ gilt.

Lässt sich das Ereignis A als Vereinigung von k Elementarereignissen darstellen, d. h. gilt $|A| = k$, dann ergibt sich für

$$P(A) = \underbrace{\frac{1}{n} + \frac{1}{n} + ... + \frac{1}{n}}_{\text{k-mal}} = \frac{k}{n} = \frac{|A|}{|\Omega|} \Rightarrow \mathbf{P(A) = \frac{|A|}{|\Omega|}}$$

Laplace-Wahrscheinlichkeiten erhält man als Quotienten von zwei Anzahlen. Um solche Anzahlen bestimmen zu können, verwenden wir als Grundlage der folgenden Abzählvorgänge die

**Produktregel (Allgemeines Zählprinzip)**
Gegeben sind k nichtleere Mengen $A_1, A_2, ..., A_k$ mit den Mächtigkeiten $n_1, n_2, \ldots, n_k$. Bildet man k-Tupel dadurch, dass man an die i-te Stelle ein Element aus der i-ten Menge setzt, so gibt es $n_1 \cdot n_2 \cdot \ldots \cdot n_k$ verschiedene k-Tupel $x_1x_2x_3...x_k$ mit $x_i \in A_i$, $i = 1, 2, \ldots, k$.

**Beispiel** Dem Vergnügungsausschuss eines Vereins gehören jeweils ein Mitglied aus den Abteilungen A (zwölf geeignete Personen), B (acht geeignete Personen) und C (24 geeignete Personen) an. Wie viele Zusammensetzungen des Vereinsausschusses sind möglich?

Lösung:
Es gibt $|A| \cdot |B| \cdot |C| = 12 \cdot 8 \cdot 24 = 2\,304$ mögliche Ausschüsse.

## 1.2 Permutationen

Bei diesem Vorgang sind alle n Objekte beteiligt.

**Permutationen ohne Wiederholung**
Jede Anordnung von n paarweise verschiedenen Elementen in einer bestimmten Reihenfolge heißt eine Permutation ohne Wiederholung der Elemente.
Es gibt $n! = n \cdot (n-1) \cdot (n-2) \cdot \ldots \cdot 3 \cdot 2 \cdot 1$ verschiedene Permutationen.

**n!** (gelesen: **n Fakultät**) ist die abgekürzte Schreibweise für das Produkt der ersten n natürlichen Zahlen. Es werden festgelegt: $\mathbf{1! = 1}$ und $\mathbf{0! = 1}$.
Fakultäten können mit der dafür vorgesehenen Taste am Taschenrechner bestimmt werden.

Beispiel

Fritz, Helmut, Manfred, Stefan und Ulrich stellen sich in einer Reihe auf. Wie viele verschiedene Reihenfolgen sind möglich?

Lösung:
Es gibt $5! = 5 \cdot 4 \cdot 3 \cdot 2 \cdot 1 = 120$ verschiedene Reihenfolgen.

Können unter den n Elementen jeweils auch gleiche sein, so gilt:

**Permutationen mit Wiederholung**
Zu n Elementen, von denen jeweils $k_1, k_2, \ldots, k_r$ gleich sind, gibt es $\frac{n!}{k_1! \cdot k_2! \cdot \ldots \cdot k_r!}$ verschiedene Möglichkeiten der Anordnung, d. h. Permutationen mit Wiederholung.

Beispiel

Franziska weiß, dass ihre Freundin Hellen eine sechsstellige Telefonnummer aus vier Einsen und zwei Zweien besitzt, hat aber die Reihenfolge der Ziffern vergessen.
Wie viele Nummern muss Franziska höchstens ausprobieren?

Lösung:
Es gibt $\frac{6!}{4! \cdot 2!} = 15$ Telefonnummern aus vier Einsen und zwei Zweien.

## 1.3 Auswahl von k-Tupeln (Variationen)

Bei den folgenden Abzählvorgängen werden jeweils k ausgewählt, wobei die Reihenfolge der ausgewählten Elemente eine Rolle spielt. Eine solche Auswahl heißt ein **k-Tupel**. Es gilt:

> **k-Tupel ohne Wiederholung**
> Für die Auswahl von k-Tupeln ohne Wiederholung aus einer Menge von n unterschiedlichen Objekten ($k \leq n$) gibt es
> $\frac{n!}{(n-k)!} = n \cdot (n-1) \cdot (n-2) \cdot \ldots \cdot (n-k+1)$ Möglichkeiten.

Eine solche Auswahl, die einem Ziehen ohne Zurücklegen aus einer Urne entspricht, heißt auch **Variation ohne Wiederholung** und kann mit der nPr-Taste des Taschenrechners bestimmt werden.

**Beispiel** 20 Fahrer kämpfen in ihren Rennwagen bei einem Grand Prix um die „Punkteränge“, d. h. die ersten acht Plätze.
Wie viele verschiedene Verteilungen auf diesen ersten acht Plätzen sind möglich?

Lösung:
Es gibt

$$\frac{20!}{(20-8)!} = \frac{20!}{12!} = 20 \cdot 19 \cdot 18 \cdot 17 \cdot 16 \cdot 15 \cdot 14 \cdot 13 = 5\,079\,110\,400$$

verschiedene Möglichkeiten.

Dürfen auch Wiederholungen in den k-Tupeln auftreten, so gilt:

> **k-Tupel mit Wiederholung**
> Für die Auswahl von k-Tupeln mit Wiederholung aus einer Menge von n unterschiedlichen Objekten gibt es $n^k$ Möglichkeiten.

Eine solche Auswahl, die einem Ziehen mit Zurücklegen aus einer Urne entspricht, heißt auch **Variation mit Wiederholung**.

Beispiel

Beim Fußballtoto kann bei jedem der elf Spiele eine 1 (Heimmannschaft gewinnt), eine 0 (Unentschieden) oder eine 2 (Gastmannschaft gewinnt) angekreuzt werden.
Wie viele verschiedene Lottotipps gibt es?

Lösung:
Es gibt $3^{11} = 177\,147$ verschiedene Tippreihen.

## 1.4 Auswahl von k-Mengen (Kombinationen)

Bei den folgenden Abzählvorgängen werden jeweils k ausgewählt, wobei die Reihenfolge der ausgewählten Elemente keine Rolle spielt. Eine solche Auswahl heißt eine **k-Menge**. Es gilt:

> **k-Mengen ohne Wiederholung**
> Für die Auswahl von k-Mengen ohne Wiederholung aus einer Menge von n unterschiedlichen Objekten ($k \leq n$) gibt es $\binom{n}{k}$ Möglichkeiten.

Jede solche Auswahl einer k-Menge ohne Wiederholung heißt auch **Kombination ohne Wiederholung** und kann mit der nCr-Taste des Taschenrechners bestimmt werden.

$$\binom{n}{k} = \begin{cases} \frac{n!}{k!(n-k)!}, & \text{falls } 0 \leq k \leq n \\ 0, & \text{falls } k > n \end{cases}$$ heißen **Binomialkoeffizienten**,

(gelesen: „k aus n“, früher auch „n über k“)
weil sie als Koeffizienten bei der Berechnung des Binoms $(a+b)^n$ auftreten. Da diese Koeffizienten auch im Pascal-Dreieck angeordnet werden können, gilt:

```
                  1
                1   1
              1   2   1
            1   3   3   1
          1   4   6   4   1
        1   5  10  10   5   1
      1   6  15  20  15   6   1
                 ...
```

$$\binom{n}{0} = \binom{n}{n} = 1;$$

$$\binom{n}{1} = \binom{n}{n-1} = n;$$

$$\binom{n}{k} = \binom{n}{n-k};$$

$$\binom{n}{k} + \binom{n}{k+1} = \binom{n+1}{k+1}$$

**Beispiel** Aus einer Kursgruppe mit 20 Schülern können vier an einem kaufmännischen Betriebspraktikum teilnehmen.
Wie viele verschiedene Auswahlmöglichkeiten hat der Lehrer für dieses Praktikum?

Lösung:

Es gibt $\binom{20}{4} = \frac{20!}{4! \cdot 16!} = 4\,845$ Möglichkeiten derAuswahl.

Dürfen auch Wiederholungen auftreten, so gilt:

> **k-Mengen mit Wiederholung**
> Für die Auswahl von k-Mengen mit Wiederholung aus einer Menge von n unterschiedlichen Objekten gibt es
> $\binom{n+k-1}{k} = \binom{n+k-1}{n-1}$ Möglichkeiten.

Jede solche Auswahl einer k-Menge heißt auch **Kombination mit Wiederholung**.

**Beispiel** Herr Schmidt hat vier „Hausamseln“, die er nicht unterscheiden kann. Wenn sie aufgeschreckt werden, suchen sie sich einen Platz auf den sechs Nadelbäumen seines Gartens.
Wie viele unterschiedliche Verteilungen der vier Amseln auf die sechs Bäume kann Herr Schmidt beobachten?

Lösung:

Es gibt $\binom{6+4-1}{4} = \binom{9}{4} = 126$ verschiedene Verteilungen, die man auch typweise aufschreiben könnte. Der Typ 400 000 bedeutet z. B. dass alle vier Amseln den Baum Nr. 1 ausgewählt haben.

| Typ | | |
|---|---|---|
| | 400 000: | 6 Möglichkeiten |
| | 310 000: | 30 Möglichkeiten |
| | 220 000: | 15 Möglichkeiten |
| | 211 000: | 60 Möglichkeiten |
| | 111 100: | 15 Möglichkeiten |
| | Insgesamt: | 126 Möglichkeiten |

## 1.5 Überblick über die Kombinatorik

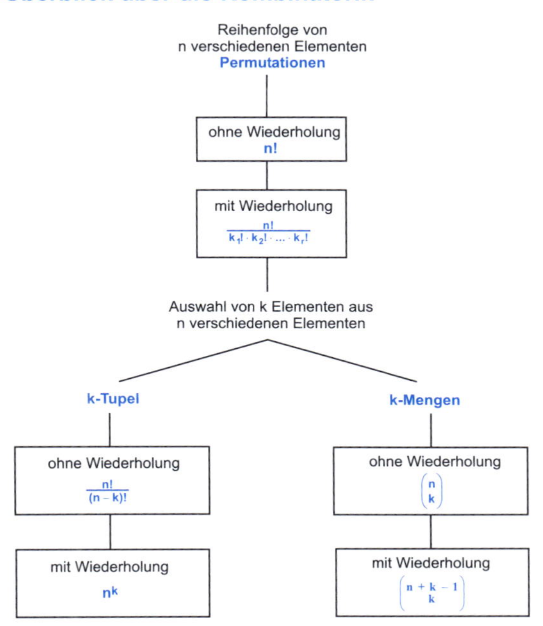

## 1.6 Berechnung von Laplace-Wahrscheinlichkeiten

Mit der Formel auf Seite 19

$$P(A) = \frac{|A|}{|\Omega|} = \frac{\text{Anzahl der für A günstigen Ergebnisse}}{\text{Anzahl aller möglichen Ergebnisse}}$$

und den Anzahlen, die mit den Formeln aus der obigen Übersicht bestimmt werden, berechnet man die Wahrscheinlichkeiten in den folgenden Beispielen.

**Beispiel**

1. In einem Grundkurs mit 20 Schülern, zwölf Mädchen und acht Jungen werden die beiden Kurssprecher mit dem Los bestimmt. Mit welcher Wahrscheinlichkeit sind beide Kurssprecher Jungen?

   Lösung:

   $$P(E) = \frac{|E|}{|\Omega|} = \frac{8 \cdot 7}{20 \cdot 19} = 14{,}74\ \% \quad \text{oder}$$

   $$P(E) = \frac{8}{20} \cdot \frac{7}{19} = 14{,}74\ \%$$

2. Aus dem Grundkurs unter Aufgabe 1, d. h. mit zwölf Mädchen und acht Jungen werden vier Kursteilnehmer rein zufällig ausgewählt. Mit welcher Wahrscheinlichkeit haben sie im Jahr 2002 an unterschiedlichen Wochentagen Geburtstag?

   Lösung:

   $$P(E) = \frac{|E|}{|\Omega|} = \frac{7 \cdot 6 \cdot 5 \cdot 4}{7^4} \approx 35\ \% \quad \text{oder}$$

   $$P(E) = \frac{7}{7} \cdot \frac{6}{7} \cdot \frac{5}{7} \cdot \frac{4}{7} \approx 35\ \%$$

3. Fünf Ehepaare, davon drei aus München, spielen Golf. Zur Festlegung der Paare, die gegeneinander spielen, wird jeder Dame ein Herr zugelost. Mit welcher Wahrscheinlichkeit gibt es drei Münchener Paare?

   Lösung:

   $$P(E) = \frac{|E|}{|\Omega|} = \frac{3 \cdot 2 \cdot 1 \cdot 2!}{5!} = \frac{1}{10} = 10\ \% \quad \text{oder}$$

   $$P(E) = \frac{3}{5} \cdot \frac{2}{4} \cdot \frac{1}{3} = \frac{1}{10} = 10\ \%$$

# 2 Urnenmodelle

Die Urne ist deshalb ein wichtiges Zufallsgerät, weil mit ihr alle Zufallsexperimente simuliert werden können. Daher werden bereits hier die Wahrscheinlichkeiten für diese Modelle angegeben und an Beispielen betrachtet. Dabei unterscheidet man

## 2.1 Ziehen ohne Zurücklegen

**Wahrscheinlichkeit beim Ziehen ohne Zurücklegen**
Zieht man aus einer Urne mit N Kugeln, von denen K ($K \leq N$) schwarz sind, n Kugeln ($n \leq N$) **ohne** Zurücklegen, so gilt für die Anzahl Z der gezogenen schwarzen Kugeln

$$\mathbf{P(Z = k) = \frac{\binom{K}{k} \cdot \binom{N-K}{n-k}}{\binom{N}{n}} \quad (k \leq n)}$$

Anmerkung: Dieses Modell des Ziehens ohne Zurücklegen kann übertragen werden auf N Elemente, von denen K ein bestimmtes Merkmal besitzen. Aus diesen N Elementen werden n ausgewählt.

**Beispiel**

In einer Lieferung von 50 Bauteilen befinden sich sechs, die nur als 2. Wahl verkauft werden können. Ein Käufer wählt auf gut Glück acht der Bauteile aus.
Mit welcher Wahrscheinlichkeit findet er darunter
a) genau drei, die 2. Wahl sind,
b) mindestens eines, das 2. Wahl ist?

Lösung:

a) $P(Z=3) = \frac{\binom{6}{3} \cdot \binom{44}{5}}{\binom{50}{8}} = 4{,}05\ \%$

b) $P(Z \geq 1) = 1 - P(Z=0) = 1 - \frac{\binom{6}{0} \cdot \binom{44}{8}}{\binom{50}{8}} = 1 - 0{,}33 = 67\ \%$

## 2.2 Ziehen mit Zurücklegen

**Wahrscheinlichkeit beim Ziehen mit Zurücklegen**
Der Anteil $\frac{K}{N}$ schwarzer Kugeln in einer Urne sei p. Zieht man aus dieser Urne n Kugeln **mit** Zurücklegen, so gilt für die Anzahl Z der gezogenen schwarzen Kugeln

$$\mathbf{P(Z = k) = \binom{n}{k} \cdot p^k \cdot (1-p)^{n-k} \quad (k \le n)}$$

Anmerkungen:
- Beim Urnenmodell des Ziehens mit Zurücklegen kann man den Anteil p der schwarzen Kugel als den Anteil p derjenigen Elemente, die ein bestimmtes Merkmal besitzen, interpretieren.
- Falls nur der Anteil p der Elemente, die ein bestimmtes Merkmal besitzen, angegeben ist und der Versuchsablauf ein Ziehen ohne Zurücklegen nahe legt, kann das Ziehen ohne Zurücklegen näherungsweise durch das Ziehen mit Zurücklegen ersetzt werden. Diese Näherung ist recht gut, wenn N, K und N – K im Vergleich zu n hinreichend groß sind.

**Beispiel** 1. Ein guter Schütze trifft das Innere einer Zehnringscheibe mit einer Wahrscheinlichkeit von 95 %.
Mit welcher Wahrscheinlichkeit trifft er bei 50 Schüssen
a) genau 49-mal
b) mindestens 48-mal
die Zehn im Inneren der Scheibe?

Lösung:

a) $P(Z=49) = \binom{50}{49} \cdot 0,95^{49} \cdot 0,05^1 = 20,25\,\%$

b) $P(Z \ge 48) = P(Z=48) + P(Z=49) + P(Z=50) =$
$\binom{50}{48} \cdot 0,95^{48} \cdot 0,05^2 + \binom{50}{49} \cdot 0,95^{49} \cdot 0,05^1 +$
$\binom{50}{50} \cdot 0,95^{50} \cdot 0,05^0 = 54,05\,\%$

2. In einer Bevölkerungsgruppe beträgt der Anteil der Personen, die an einer Allergie leiden, 30 %. Es werden zehn Personen ausgewählt.
   Mit welcher Wahrscheinlichkeit findet man
   a) genau vier,
   b) mehr Personen als erwartet,
   die an einer Allergie leiden?

   Lösung:

   a) $P(Z=4)=\binom{10}{4}\cdot 0{,}3^4\cdot 0{,}7^6\approx 20\ \%$

   b) Es wird erwartet, dass $n\cdot p=10\cdot 0{,}3=3$ Personen an einer Allergie leiden. Gesucht ist die Wahrscheinlichkeit
   $P(Z>3)=1-P(Z\leq 3)=$
   $=1-P(Z=0)-P(Z=1)-P(Z=2)-P(Z=3)=$
   $=1-\binom{10}{0}\cdot 0{,}3^0\cdot 0{,}7^{10}-\binom{10}{1}\cdot 0{,}3^1\cdot 0{,}7^9$
   $-\binom{10}{2}\cdot 0{,}3^2\cdot 0{,}7^8-\binom{10}{3}\cdot 0{,}3^3\cdot 0{,}7^7=35{,}04\ \%$

3. Eine Lieferung von Fliesen enthält 10 % Ausschussware. Ein Händler überprüft 50 auf gut Glück der Lieferung entnommene Fliesen.
   Mit welcher Wahrscheinlichkeit findet er genau vier Ausschuss-Stücke?

   Lösung:
   Obwohl das Überprüfen sicher als „Ziehen ohne Zurücklegen“ stattfindet, wird das Ziehen mit Zurücklegen verwendet, weil nur der Anteil p der Ausschussfliesen bekannt ist.
   Es gilt:

   $P(Z=4)=\binom{50}{4}\cdot 0{,}1^4\cdot 0{,}9^{46}=18{,}09\ \%$

# Bedingte Wahrscheinlichkeit und Unabhängigkeit von Ereignissen

## 1 Bedingte Wahrscheinlichkeit

### 1.1 Definition der bedingten Wahrscheinlichkeit

Wahrscheinlichkeiten von Ereignissen können sich verändern, wenn bereits andere Ereignisse eingetreten sind. Um diesen Einfluss zu untersuchen, wird ein neuer Wahrscheinlichkeitsbegriff eingeführt.

> **Bedingte Wahrscheinlichkeit**
> **$P_B(A)$** heißt die durch das Ereignis B **bedingte Wahrscheinlichkeit** des Ereignisses A oder $P_B(A)$ ist die Wahrscheinlichkeit von A unter der Bedingung, dass B eingetreten ist.

Aus einem Baumdiagramm erhält man mithilfe der 1. Pfadregel:

$P(A \cap B) = P(B) \cdot P_B(A)$

$\Rightarrow \quad P_B(A) = \frac{P(A \cap B)}{P(B)}$

Produktform der bedingten Wahrscheinlichkeit

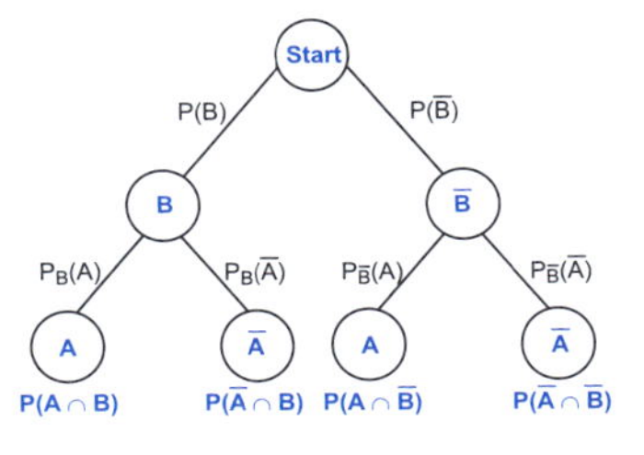


Anmerkung: Die Wahrscheinlichkeit $P_B(A)$, die den Anteil, den A aus B ausschneidet bezogen auf B, angibt, ist selbst eine Wahrscheinlichkeitsverteilung, die bedingte Wahrscheinlichkeit.

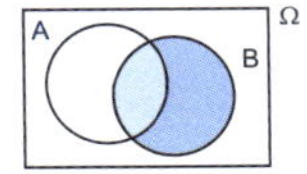

**Beispiel** Aus Erfahrung weiß man, dass in einem Restaurant 60 % der Gäste ein Menü wählen und 50 % der Gäste zum Essen ein alkoholisches Getränk bestellen. 25 % der Gäste essen weder das Menü noch bestellen sie ein alkoholisches Getränk.
Mit welcher Wahrscheinlichkeit bestellt ein Gast, der ein Menü gewählt hat auch ein alkoholisches Getränk?

Lösung:
Mit den Angaben aus der Aufgabe kann man eine Vierfeldertafel erstellen. Mit den Bezeichnungen M: „Gast isst ein Menü" und A: „Gast bestellt alkoholisches Getränk" gilt, wobei die aus der Aufgabenstellung bekannten Wahrscheinlichkeiten unterstrichen und die restlichen ergänzt sind.

| | M | $\overline{M}$ | |
|---|---|---|---|
| A | **0,35** | **0,15** | <u>0,50</u> |
| $\overline{A}$ | **0,25** | <u>0,25</u> | 0,50 |
| | <u>0,60</u> | 0,40 | <u>1</u> |

Gesucht ist die bedingte Wahrscheinlichkeit

$$P_M(A) = \frac{P(A \cap M)}{P(M)} = \frac{0,35}{0,60} = 58,33\ \%$$

## 1.2 Folgerungen

Aus der Definition der bedingten Wahrscheinlichkeit als eigene Wahrscheinlichkeitsverteilung lassen sich Folgerungen ziehen, die zur Berechnung von Wahrscheinlichkeiten nützlich sind.

**Multiplikationssatz** (1. Pfadregel)
Aus den bedingten Wahrscheinlichkeiten im Baumdiagramm erhält man die Wahrscheinlichkeiten der Elementarereignisse.

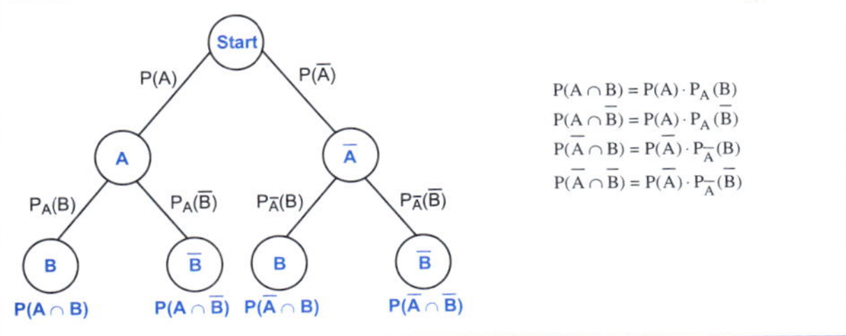


$P(A \cap B) = P(A) \cdot P_A(B)$
$P(A \cap \overline{B}) = P(A) \cdot P_A(\overline{B})$
$P(\overline{A} \cap B) = P(\overline{A}) \cdot P_{\overline{A}}(B)$
$P(\overline{A} \cap \overline{B}) = P(\overline{A}) \cdot P_{\overline{A}}(\overline{B})$

Der Multiplikationssatz lässt sich durch beliebig viele „UND“-Verknüpfungen von Ereignissen (Stufen im Baumdiagramm) erweitern.

**Beispiel**

Die Wahrscheinlichkeit, dass ein Kindergartenkind in einem Winter an einer Halsentzündung erkrankt, betrage 30 %. Die Wahrscheinlichkeit, dass diese Halsentzündung mit einem Schnupfen verbunden ist, betrage 85 %. Mit welcher Wahrscheinlichkeit hat ein Kind eine Halsentzündung ohne Schnupfen?

Lösung:
Wenn man H: „Kind hat Halsentzündung“ und S: „Kind hat Schnupfen“ verwendet, ist die folgende Wahrscheinlichkeit gesucht:
$P(H \cap \overline{S}) = P(H) \cdot P_H(\overline{S}) = 0{,}30 \cdot 0{,}15 = 0{,}045 = 4{,}5\ \%$

**Totale Wahrscheinlichkeit** (2. Pfadregel)
Aus der bedingten Wahrscheinlichkeit im Baumdiagramm erhält man für die Wahrscheinlichkeit des Ereignisses B:

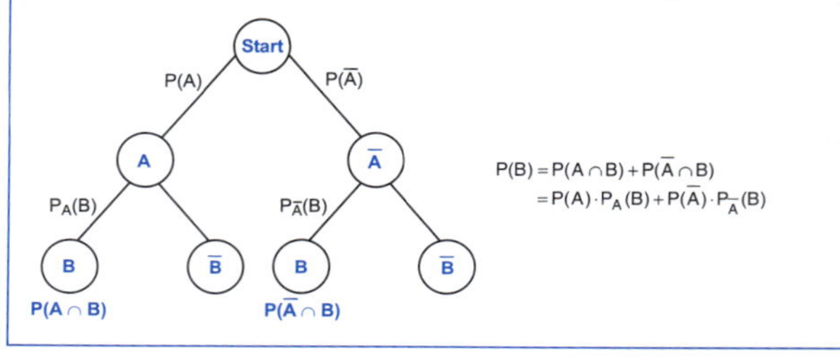


Der Satz von der totalen Wahrscheinlichkeit lässt sich auf beliebig viele Ereignisse $A_i$ übertragen, wobei die $A_i$ eine Zerlegung des Ergebnisraumes $\Omega$ bilden.

**Beispiel** Eine Gemeinde wird zur Bürgermeisterwahl in drei Wahlbezirke eingeteilt, in denen sich die Anzahlen der abgegebenen Stimmen wie 4 : 3 : 5 verhalten mögen. In derselben Reihenfolge betragen die Wahrscheinlichkeiten für die Wahl des Kandidaten Karl Schmidt in den drei Wahlbezirken 42 %, 58 % und 51 %. Überprüfe, ob Schmidt die absolute Mehrheit der Stimmen erhalten hat.

Lösung:
Es gelte: $B_i$ „Bezirk i" und S: „Wahl von Karl Schmidt".

$$P(S) = \frac{4}{12} \cdot 0{,}42 + \frac{3}{12} \cdot 0{,}58 + \frac{5}{12} \cdot 0{,}51 = 49{,}75\ \%$$

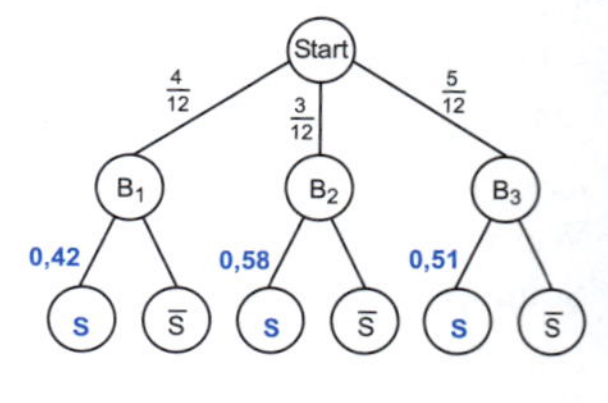


Der Kandidat Schmidt hat die absolute Mehrheit knapp verfehlt.

## Formel von Bayes

In der Formel von Bayes werden die bedingten Wahrscheinlichkeiten zweier Baumdiagramme mit unterschiedlichem Ablauf verknüpft.

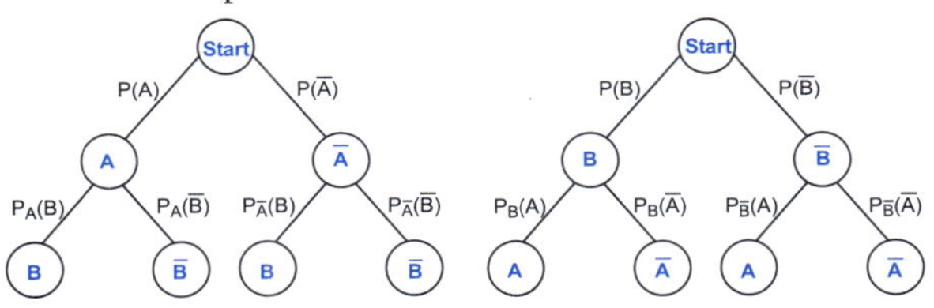


Aus $P(A \cap B) = P(A) \cdot P_A(B) = P(B) \cdot P_B(A)$ ergibt sich die Formel von Bayes.

$$P_B(A) = \frac{P(A) \cdot P_A(B)}{P(B)} = \frac{P(A) \cdot P_A(B)}{P(A) \cdot P_A(B) + P(\bar{A}) \cdot P_{\bar{A}}(B)}$$

Die Formel von Bayes lässt sich auf beliebig viele Ereignisse $A_i$ übertragen, wobei die $A_i$ eine Zerlegung des Ergebnisraumes $\Omega$ bilden.

**Beispiel**

Ein Hersteller von Türen deckt seinen Bedarf an Schlössern zu 50 % beim Hersteller A und zu je 25 % bei den Herstellern B und C. Aus Erfahrung weiß er, dass 2 % der Schlösser von A, 3 % der von B und 4 % der von C nachgearbeitet werden müssen. Wie groß ist die Wahrscheinlichkeit, dass ein Schloss, das nachgearbeitet werden muss, vom Hersteller C stammt?

Lösung:
Mit der Bezeichnung A (B, C): „Lieferung durch A (B, C) und N: „Nacharbeit der Schlösser" gilt für die gesuchte bedingte Wahrscheinlichkeit

$$P_N(C) = \frac{P(N \cap C)}{P(N)}$$

$$= \frac{P(C) \cdot P_C(N)}{P(A) \cdot P_A(N) + P(B) \cdot P_B(N) + P(C) \cdot P_C(N)}$$

$$= \frac{0{,}25 \cdot 0{,}04}{0{,}5 \cdot 0{,}02 + 0{,}25 \cdot 0{,}03 + 0{,}25 \cdot 0{,}04} = 36{,}36\ \%$$

# 2 Unabhängigkeit

## 2.1 Definition und Produktform

Zwei Ereignisse A und B sind **stochastisch unabhängig**, wenn das Eintreten des einen Ereignisses (z. B. Ereignis A) das Eintreten des anderen Ereignisses (z. B. Ereignis B) nicht beeinflusst, d. h. wenn gilt: $P_A(B) = P(B)$

Wegen $P_A(B) = \frac{P(A \cap B)}{P(A)} = P(B)$ folgt: $P(A \cap B) = P(A) \cdot P(B)$

**Stochastische Unabhängigkeit**
Die Ereignisse A und B heißen **(stochastisch) unabhängig**, wenn gilt:
$\mathbf{P(A \cap B) = P(A) \cdot P(B)}$
Gilt diese Gleichung nicht, dann heißen die Ereignisse stochastisch abhängig.

Anmerkungen:

- Zwei Ereignisse A und B sind **unvereinbar**, wenn $A \cap B = \varnothing$ gilt, d. h. $\mathbf{P(A \cup B) = P(A) + P(B)}$ gilt (Additionsregel).
  Zwei Ereignisse A und B sind stochastisch **unabhängig**, wenn $\mathbf{P(A \cap B) = P(A) \cdot P(B)}$ (Multiplikationsregel).
- Die stochastische Unabhängigkeit lässt sich auf beliebig viele Ereignisse erweitern. Allerdings müssen dann jeweils zwei, jeweils drei, … Ereignisse stochastisch unabhängig sein.
- Wenn n Ereignisse stochastisch unabhängig sind, dann enthält jede Teilmenge aus diesen n Ereignissen nur unabhängige Ereignisse.
- Da beim Ziehen mit Zurücklegen die Urneninhalte gleich bleiben, beeinflusst das Eintreten eines Ereignisses das Eintreten eines anderen nicht, d. h. das Ziehen mit Zurücklegen führt auf stochastisch unabhängige, das Ziehen ohne Zurücklegen auf stochastisch abhängige Ereignisse.

**Beispiel**

In einer Bevölkerung treten die Merkmale Haarfarbe und Augenfarbe unabhängig voneinander auf. 30 % der Bevölkerung sind blond und 42 % der Bevölkerung sind blauäugig.
Mit welcher Wahrscheinlichkeit ist eine zufällig ausgewählte Person der Bevölkerung blond und blauäugig?

Lösung:
Mit A: „Person ist blond“ und B: „Person ist blauäugig“ gilt:
$P(A \cap B) = P(A) \cdot P(B) = 0{,}30 \cdot 0{,}42 = 12{,}6\ \%$

## 2.2 Unabhängigkeit und Vierfeldertafel

Wenn zwei Ereignisse zusammenwirken, dann können die Wahrscheinlichkeiten in einer Vierfeldertafel dargestellt werden. Wie sieht es dort mit der Unabhängigkeit aus?
Die Ereignisse A und B seien stochastisch unabhängig und es gelte $P(A) = a$ und $P(B) = b$. Dann sind auch die Ereignisse A und $\overline{B}$, $\overline{A}$ und B sowie $\overline{A}$ und $\overline{B}$ stochastisch unabhängig, weil wie in der folgenden Vierfeldertafel gilt:

**Stochastische Unabhängigkeit von Ereignissen**

| | $B$ | $\overline{B}$ | |
|---|---|---|---|
| $A$ | $a \cdot b$ | $a - ab = a(1-b)$ | $a$ |
| $\overline{A}$ | $b - ab = (1-a) \cdot b$ | $(1-b) - a(1-b) =$ $= (1-a) \cdot (1-b)$ | $1-a$ |
| | $b$ | $1-b$ | $1$ |

$P(A \cap B) = P(A) \cdot P(B)$ $\quad$ $P(\overline{A} \cap B) = P(\overline{A}) \cdot P(B)$

$P(A \cap \overline{B}) = P(A) \cdot P(\overline{B})$ $\quad$ $P(\overline{A} \cap \overline{B}) = P(\overline{A}) \cdot P(\overline{B})$

**Beispiel** 1. Bei Kleinkindern treten die Krankheiten A und B unabhängig voneinander mit den Wahrscheinlichkeiten $P(A) = 0{,}12$ und $P(B) = 0{,}25$ auf.
Bestimme aus einer Vierfeldertafel die Wahrscheinlichkeiten, dass ein zufällig ausgewähltes Kleinkind
a) an keiner der beiden Krankheiten,
b) an genau einer der beiden Krankheiten
leidet.

Lösung:
Wegen der stochastischen Unabhängigkeit gilt:
$P(A \cap B) = P(A) \cdot P(B) = 0{,}12 \cdot 0{,}25 = 0{,}03$
Damit kann man eine Vierfeldertafel erstellen:

| | $B$ | $\overline{B}$ | |
|---|---|---|---|
| $A$ | 0,03 | 0,09 | 0,12 |
| $\overline{A}$ | 0,22 | 0,66 | 0,88 |
| | 0,25 | 0,75 | 1 |

Die gesuchte Wahrscheinlichkeit erhält man aus der Vierfeldertafel oder aus der Produktform:
a) $P(\overline{A} \cap \overline{B}) = 0{,}66 = P(\overline{A}) \cdot P(\overline{B})$
b) $P(A \cap \overline{B}) + P(\overline{A} \cap B) = 0{,}09 + 0{,}22 = 0{,}31 =$
$= P(A) \cdot P(\overline{B}) + P(\overline{A}) \cdot P(B)$

2. Ein Restaurantbesitzer weiß aus Erfahrung, dass 20 % seiner Gäste keine Vorspeise und 30 % seiner Gäste keinen Nachtisch zu sich nehmen. 60 % aller Gäste essen sowohl Vorspeise als auch Nachtisch.
Überprüfe, ob die Ereignisse A: „Gast isst Vorspeise“ und B: “Gast isst Nachspeise“ stochastisch unabhängig sind.

Lösung:
Es gilt: $P(A) = 1 - P(\overline{A}) = 0{,}80$ und $P(B) = 1 - P(\overline{B}) = 0{,}70$
Wegen $P(A \cap B) = 0{,}60$ und $P(A) \cdot P(B) = 0{,}80 \cdot 0{,}70 = 0{,}56$
gilt $P(A \cap B) \neq P(A) \cdot P(B)$, d. h. die Ereignisse A und B sind stochastisch abhängig.

3. Ein Gerät besteht aus zwei Bauteilen $B_1$ und $B_2$, die unabhängig voneinander arbeiten und wobei jedes nur mit einer Wahrscheinlichkeit von 2 % ausfällt. Sie sind wie folgt zusammengesetzt:

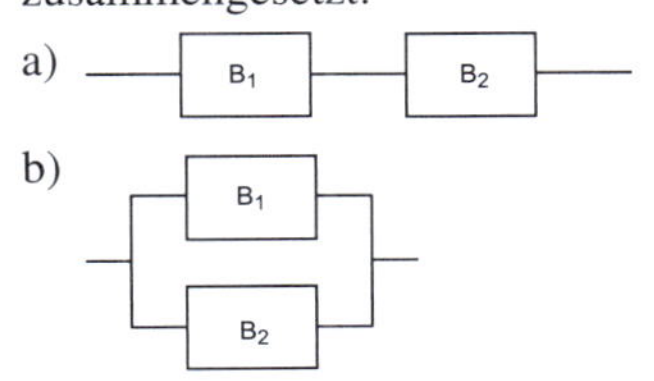


Mit welcher Wahrscheinlichkeit „arbeitet" die jeweilige Schaltung?

Lösung:
Mit $B_i$: „Gerät i arbeitet" (i = 1, 2) erhält man:

a) Die Schaltung funktioniert, wenn $B_1$ **und** $B_2$ arbeiten, d. h. für das Ereignis $E_1 = B_1 \cap B_2$

$$P(E_1) = P(B_1 \cap B_2) = P(B_1) \cdot P(B_2) =$$
$$= 0{,}98 \cdot 0{,}98 = 96{,}04\ \%$$

b) Die Schaltung funktioniert, wenn $B_1$ **oder** $B_2$ arbeitet, d. h. für das Ereignis $E_2 = B_1 \cup B_2$

$$P(E_2) = P(B_1 \cup B_2) = P(B_1) + P(B_2) - P(B_1 \cap B_2) =$$
$$= 0{,}98 + 0{,}98 - 0{,}9604 = 99{,}96\ \%$$

oder

$$P(E_2) = P(B_1 \cup B_2) = 1 - P(\overline{B_1 \cup B_2}) =$$
$$= 1 - P(\overline{B}_1 \cap \overline{B}_2) = 1 - P(\overline{B}_1) \cdot P(\overline{B}_2) =$$
$$= 1 - 0{,}02 \cdot 0{,}02 = 99{,}96\ \%$$

# Bernoulli-Kette

## 1 Definition und Wahrscheinlichkeit

Jedes beliebige Zufallsexperiment kann zu einem Experiment mit zwei Ergebnissen gemacht werden, wenn man bei der Ausführung nur fragt, ob ein bestimmtes Ereignis E eingetreten ist (Treffer T) oder nicht (Niete N), d. h. $\Omega = \{T, N\} = \{1, 0\}$. Die Wahrscheinlichkeit für einen Treffer bezeichnen wir mit $P(T) = p$ und für eine Niete mit $P(N) = 1 - p$. Solche Zufallsexperimente haben einen eigenen Namen:

**Bernoulli-Experiment**
Ein Zufallsexperiment heißt Bernoulli-Experiment, wenn sein Ergebnisraum nur zwei Ergebnisse enthält.

**Beispiel**

Ein Tetraeder mit den Seiten 1, 2, 3, 4 wird einmal geworfen. Das Werfen des Tetraeders wird zu einem Bernoulli-Experiment, wenn man z. B. fragt, ob eine 4 geworfen wurde oder nicht.

Wenn ein Bernoulli-Experiment mehrmals hintereinander ausgeführt wird definiert man:

**Bernoulli-Kette**
Ein Zufallsexperiment, das aus n unabhängigen Durchführungen eines Bernoulli-Experiments besteht, heißt **Bernoulli-Kette der Länge n** oder eine **n-stufige Bernoulli-Kette**. Der Wert **p** der Wahrscheinlichkeit für einen Treffer heißt **Parameter der Bernoulli-Kette**.

Wenn eine Bernoulli-Kette der Länge n genau k Treffer besitzt, dann besitzt sie auch genau $n-k$ Nieten. Da die Ausführungen des Bernoulli-Experiments unabhängig voneinander erfolgen, gilt die Produktregel, d. h. die Wahrscheinlichkeiten werden multipliziert. Es gilt:

**Wahrscheinlichkeit eines Ergebnisses**

In einer Bernoulli-Kette der Länge n mit dem Parameter p hat jedes Ergebnis ω mit k Treffern und n-k Nieten die Wahrscheinlichkeit

$$P(\{\omega\}) = p^k \cdot (1-p)^{n-k}, \quad k = 0, 1, \ldots n$$

unabhängig davon, an welcher Stelle des n-Tupels die k Treffer stehen.

**Beispiel** Ein Blumensamen keimt mit einer Wahrscheinlichkeit von 90 %. Beate steckt zehn Blumensamen in einer Reihe in ein Blumenbeet. Mit welcher Wahrscheinlichkeit keimen nur der zweite und der sechste der Samen nicht?

Lösung:
Es gilt: $P(\{\omega\}) = 0{,}90^8 \cdot 0{,}10^2 = 0{,}43\ \%$, weil acht der Samen keimen und zwei nicht.

Da man die k Treffer in einem solchen Ergebnis-n-Tupel auf $\binom{n}{k}$ Plätze verteilen kann, gibt es $\binom{n}{k}$ solche n-Tupel mit k Treffern. Es gilt:

**Wahrscheinlichkeit eines Ereignisses**

Für die Wahrscheinlichkeit, in einer Bernoulli-Kette der Länge n mit dem Parameter p genau k Treffer zu erzielen, gilt:

$$P(Z = k) = \binom{n}{k} \cdot p^k \cdot (1-p)^{n-k} \quad (0 \le k \le n)$$

unabhängig davon, an welcher Stelle des n-Tupels die k Treffer stehen.

Anmerkung: Es ergibt sich die Formel des Urnenmodells des „Ziehen mit Zurücklegen", weil dort das Ziehen von Zug zu Zug mit der gleichen Wahrscheinlichkeit und unabhängig erfolgt.

**Beispiel**

Beim vollautomatischen Verpacken eines Spielzeugartikels muss man mit 1 % beschädigter Artikel rechnen.

a) Nach dem Verpacken werden 100 Artikel überprüft. Mit welcher Wahrscheinlichkeit findet man genau zwei bechädigte?
b) Wie viele Artikel muss man mindestens überprüfen, um mit einer Wahrscheinlichkeit von mehr als 95 % wenigstens einen beschädigten zu finden?

Lösung:

a) $P(Z=2)=\binom{100}{2}\cdot 0{,}01^2\cdot 0{,}99^{98}=18{,}49\ \%$

b) Es gilt stets: P(mindestens ein ...) = 1 – P (kein ...)

$$1-\binom{n}{0}\cdot 0{,}01^0\cdot 0{,}99^n>0{,}95$$
$$1-0{,}99^n>0{,}95$$
$$0{,}99^n<0{,}05$$
$$n\cdot\ln 0{,}99<\ln 0{,}05 \quad \Big|:\ln 0{,}99<0(!)$$
$$n>\frac{\ln 0{,}05}{\ln 0{,}99}=298{,}07 \;\Rightarrow\; n\geq 299$$

Es müssen mindestens 299 Artikel überprüft werden.

# 2 Wartezeitaufgaben

## 2.1 Warten auf den ersten Treffer

Dauert die einmalige Ausführung eines Zufallsexperiments genau eine Zeiteinheit, dann gibt die Zahl n, bei der der erste Treffer eintritt, die **Wartezeit** bis zum ersten Treffer an.

**Erster Treffer im n-ten Versuch**
Die Wahrscheinlichkeit für den ersten Treffer im n-ten Versuch ist
$\mathbf{P(E_1) = (1-p)^{n-1} \cdot p}$,
weil dem ersten Treffer (n – 1) Nieten vorangehen.

**Beispiel** Ein Biathlet trifft bei starken Wind beim Stehendschießen nur mit einer Wahrscheinlichkeit von 70 %.
Mit welcher Wahrscheinlichkeit schießt er den ersten Treffer im 3. Versuch?

Lösung:
$P(E_1) = 0{,}3^2 \cdot 0{,}7 = 6{,}3\ \%$

Weitere Wartezeiten werden im Folgenden jeweils an einem Beispiel erläutert.

**1. Treffer frühestens im n-ten Versuch**
Die Wahrscheinlichkeit für den ersten Treffer frühestens im n-ten Versuch ist
$\mathbf{P(E_2) = (1-p)^{n-1} \cdot 1 = (1-p)^{n-1}}$,
weil es sicher ist, dass die ersten (n – 1) Versuche Nieten sind.

Beispiel

Es ist bekannt, dass auf einer S-Bahn-Strecke 5 % der Fahrgäste ohne Fahrschein angetroffen werden.
Mit welcher Wahrscheinlichkeit ist bei einer Kontrolle frühestens die fünfte kontrollierte Person die erste ohne Fahrschein?

Lösung:
$P(E_2) = 0{,}95^4 = 81{,}45\ \%$

**1. Treffer spätestens im n-ten Versuch**
Die Wahrscheinlichkeit für den ersten Treffer spätestens im n-ten Versuch ist
$\mathbf{P(E_3) = 1 - (1 - p)^n}$,
weil das Ereignis, dass in n Versuchen kein Treffer erzielt wird, nicht auftreten darf.

Beispiel

Bei der Produktion von elektronischen Bauteilen beträgt die Ausschusswahrscheinlichkeit 10 %. Mit welcher Wahrscheinlichkeit ist spätestens das sechste der laufenden Produktion entnommene Bauteil das erste, das Ausschuss ist?

Lösung:
$P(E_3) = 1 - 0{,}9^6 = 46{,}86\ \%$

## 2.2 Warten auf den k-ten Treffer

Wie auf den ersten Treffer kann man auch auf das Auftreten des k-ten Treffers warten.

**k-ter Treffer im n-ten Versuch**
Die Wahrscheinlichkeit für den k-ten Treffer im n-ten Versuch ist
$$\mathbf{P(E_4) = \binom{n-1}{k-1} \cdot p^k \cdot (1-p)^{n-k}},$$
weil von den k Treffern der k-te Treffer im n-ten Versuch festliegt, sodass die restlichen $(k-1)$ Treffer auf $(n-1)$ Plätze verteilt sind.

**Beispiel** Ein idealer Würfel wird geworfen.
Mit welcher Wahrscheinlichkeit erzielt man die dritte Sechs beim zehnten Wurf?

Lösung:

$$P(E_4) = \binom{9}{2} \cdot \left(\frac{1}{6}\right)^3 \cdot \left(\frac{5}{6}\right)^7 = 4,65\ \%$$

Etwas schwieriger ist das Zusammenspiel des Wartens auf den ersten und den k-ten Treffer.

**1. Treffer im r-ten und k-ter Treffer im n-ten Versuch**

Die Wahrscheinlichkeit für den ersten Treffer im r-ten und den k-ten Treffer im n-ten Versuch ist

$$\mathbf{P(E_5) = \binom{n-(r+1)}{k-2} \cdot p^k \cdot (1-p)^{n-k} =}$$

$$\mathbf{= \binom{n-r-1}{k-2} \cdot p^k \cdot (1-p)^{n-k}}$$

Es treten k Treffer und $(n-k)$ Nichttreffer auf.
Da die Plätze für die ersten $(r-1)$ Nichttreffer, für den ersten und den k-ten Treffer festliegen, d. h. $(r+1)$ Plätze bereits belegt sind, können die restlichen $(k-2)$ Treffer nur noch auf $n-(r+1) = n-r-1$ Plätze verteilt sein.

**Beispiel** Es ist bekannt, dass in einem großen Betrieb 52 % der Angestellten die Tageszeitung „Tagesbote“ abonniert haben.
Mit welcher Wahrscheinlichkeit ist bei einer zufälligen Befragung der Angestellten der dritte befragte der erste und der zehnte der vierte, der den Tagesboten abonniert hat?

Lösung:

$$P(E_5) = \binom{6}{2} \cdot 0,52^4 \cdot 0,48^6 = 1,34\ \%$$

# Zufallsgrößen und ihre Maßzahlen

## 1 Zufallsgröße und Wahrscheinlichkeitsverteilung

Die Wahrscheinlichkeiten von Ereignissen lassen sich besonders gut berechnen, wenn den Ergebnissen des Zufallsexperiments Zahlen zugeordnet werden. Man definiert:

> **Zufallsgröße / Zufallsvariable**
> Eine Abbildung $Z: \Omega \to \mathbb{R}$, die jedem Ergebnis $\omega \in \Omega$ eines Zufallsexperiments eine reelle Zahl $Z(\omega) \in \mathbb{R}$ zuordnet, heißt **Zufallsgröße Z** oder **Zufallsvariable Z**.

Anmerkungen:

- Ereignisse lassen sich in Worten, durch Teilmengen aus $\Omega$ oder durch Zufallsvariable Z beschreiben. Die durch die Zufallsvariable Z beschriebenen Ereignisse sind miteinander unvereinbar.
- Die von den Zufallsvariablen Z angenommenen Werte bezeichnet man mit $z_i$. Für das Ereignis $\{\omega \mid Z(\omega) = z_i\}$ schreibt man kurz $Z = z_i$.
- Es gibt Zufallsgrößen Z (z. B. Z: „Augenzahl beim Würfelwurf"), die nur einzelne diskrete Werte annehmen. Sie heißen **diskrete** Zufallsgrößen. Es gibt Zufallsgrößen Z (z. B. Z: „Geschwindigkeit eines an einer Radarkontrolle vorbeifahrenden Autos"), die alle Zahlenwerte innerhalb einer Teilmenge von $\mathbb{R}$ annehmen können. Sie heißen **stetige** Zufallsvariable.
  Im Allgemeinen gilt, dass man diskrete Zufallsgrößen durch einen Zählvorgang, stetige durch einen Messvorgang erhält.
- Zufallsgrößen werden mit großen Buchstaben wie X, Y, Z, … bezeichnet.

**Beispiel** Bei einem Glücksspiel wird eine ideale Münze mit den Seiten W (Wappen) und Z (Zahl) zweimal geworfen. Fällt zweimal Wappen, so erhält man 2 €, bei einmal Wappen 1 €. Fällt dagegen zweimal Zahl, so muss man 2 € bezahlen. Die Zufallsgröße Z gebe die Auszahlung in € an.
Bestimme die Werte der Zufallsgröße und ihre Wahrscheinlichkeiten

Lösung:
Z nimmt die Werte 2, 1 und −2 an. Die Zuordnung ergibt sich wie folgt:

| Ergebnis | WW | WZ | ZW | ZZ |
|---|---|---|---|---|
| Anzahl $z_i$ | 2 | 1 | 1 | −2 |

Nun sind aber die Elementarereignisse mit Wahrscheinlichkeiten behaftet, wie sie dem folgenden Baumdiagramm entnommen werden können.
Jedem Ergebnis $z_i$ kann dabei eine Wahrscheinlichkeit zugeordnet werden, sodass die folgenden Auszahlungswahrscheinlichkeiten entstehen:

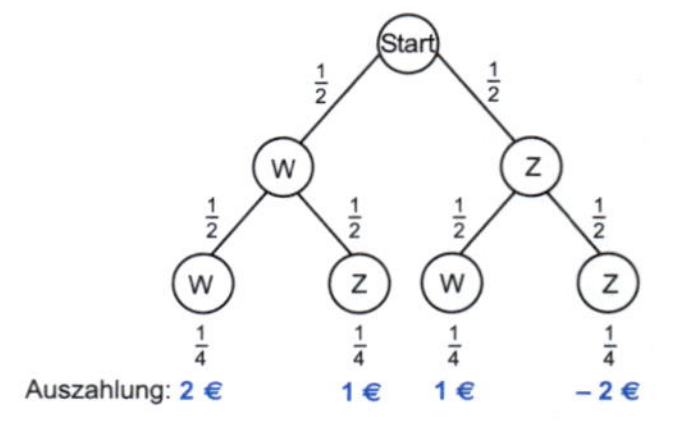


$P(Z=2)=\frac{1}{4}, \quad P(Z=1)=\frac{1}{4}+\frac{1}{4}=\frac{1}{2}, \quad P(Z=-2)=\frac{1}{4}$

Jedem Wert der Zufallsvariablen Z wird ein Wahrscheinlichkeitswert, d. h. ein Wert aus [0, 1] zugeordnet.

Tabellarisch:

| Auszahlung $z_i$ | 2 | 1 | −2 |
|---|---|---|---|
| Wahrscheinlichkeit $P(Z=z_i)$ | $\frac{1}{4}$ | $\frac{1}{2}$ | $\frac{1}{4}$ |

Aus dem Beispiel von Seite 48 gewinnen wir die allgemeine Definition einer Wahrscheinlichkeitsverteilung.

**Wahrscheinlichkeitsverteilung**
Über dem Ergebnisraum Ω eines Zufallsexperiments mit der Wahrscheinlichkeitsverteilung P sei eine Zufallsgröße Z definiert, die die Werte $z_i$, $i = 1, 2, \ldots (n)$ annimmt. Dann heißt die Funktion $P: z_i \mapsto P(Z = z_i)$ **Wahrscheinlichkeitsverteilung oder Wahrscheinlichkeitsfunktion der Zufallsgröße Z**.

Darstellungsmöglichkeiten einer Wahrscheinlichkeitsverteilung (siehe das Beispiel von Seite 48):

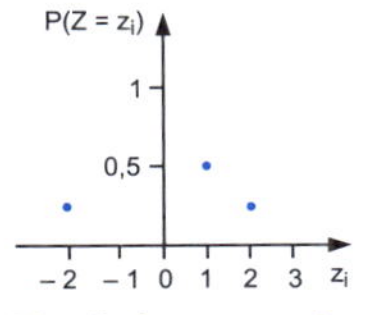


**Funktionsgraph**

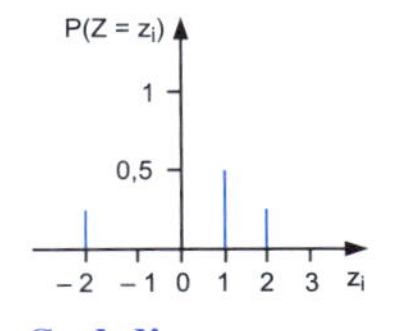


**Stabdiagramm**
Die Stäbe haben die Länge $W(z_i) = P(Z = z_i)$

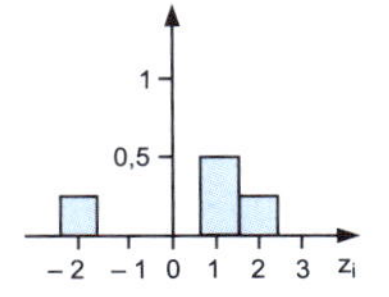


**Histogramm mit $\Delta x = 1$**
Die Flächeninhalte der Rechtecke haben den Wert $W(z_i) = P(Z = z_i)$

Häufig benötigt man zusammengesetzte Wahrscheinlichkeiten, die sich aus Einzelwahrscheinlichkeiten aufsummieren lassen. Für solche Summenwahrscheinlichkeiten führt man ein:

**Kumulative Verteilungsfunktion**
Die Funktion $F\colon z \mapsto F(z) = P(Z \le z)$, $D_F = \mathbb{R}$, heißt kumulative Verteilungsfunktion der Zufallsgröße Z.

Im Beispiel von Seite 48 gilt:
Verteilungsfunktion F

$$F(z) = \begin{cases} 0 & \text{für} \quad z < -2 \\ \frac{1}{4} & \text{für} \quad -2 \le z < 1 \\ \frac{3}{4} & \text{für} \quad 1 \le z < 2 \\ 1 & \text{für} \quad z \ge 2 \end{cases}$$

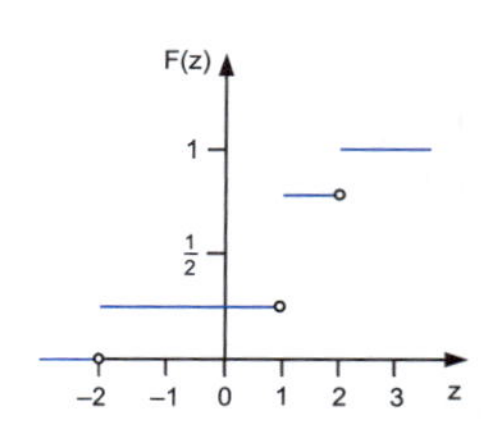


Anmerkungen:
- Die Verteilungsfunktion F einer diskreten Zufallsgröße Z ist eine Treppenfunktion, die an den Stellen $Z = z_i$ Sprünge der Höhe $h_i = P(Z = z_i)$ macht.
- Die Verteilungsfunktion F ist monoton zunehmend und rechtsseitig stetig. Es gilt: $\lim\limits_{z \to -\infty} F(z) = 0$ und $\lim\limits_{z \to \infty} F(z) = 1$.
- Mithilfe der Verteilungsfunktion F lassen sich folgende Wahrscheinlichkeiten berechnen:
  $P(Z \le a) = F(a)$
  $P(Z > b) = 1 - P(Z \le b) = 1 - F(b)$
  $P(a < Z \le b) = F(b) - F(a)$
- Für eine **stetige** Zufallsgröße X gilt: Die Verteilungsfunktion F mit $F(x) = P(X \le x)$ ist eine stetige Funktion. Für sie gilt: $F'(x) = f(x)$, wobei f die **Dichtefunktion** der stetigen Zufallsgröße ist.

**Beispiel**

Die stetig verteilte Zufallsgröße X habe die Dichtefunktion

$$f: x \mapsto f(x) = \begin{cases} \frac{1}{2} & \text{für } x \in [2;4] \\ 0 & \text{sonst} \end{cases}$$

Bestimme die Verteilungsfunktion F und zeichne die Graphen $G_f$ und $G_F$.

Lösung:
Wegen $F'(x) = f(x) \wedge F(2) = 0 \wedge F(4) = 1$ erhält man für die Verteilungsfunktion

$$F: x \mapsto f(x) = \begin{cases} 0 & \text{für } x < 2 \\ \frac{1}{2}x - 1 & \text{für } 2 \leq x < 4 \\ 1 & \text{für } x \geq 4 \end{cases}$$

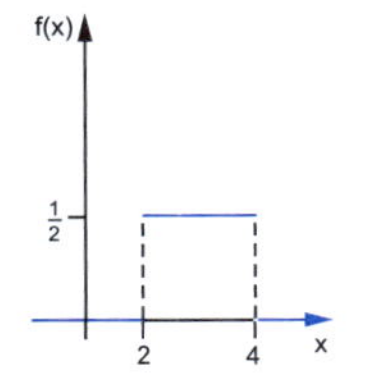


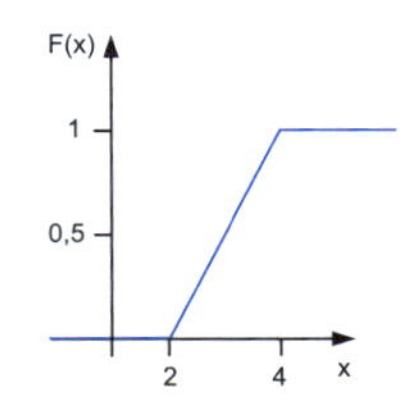

# 2 Gemeinsame Wahrscheinlichkeitsverteilung

Wie sieht eine Wahrscheinlichkeitsverteilung aus, wenn mehrere Zufallsgrößen über demselben Wahrscheinlichkeitsraum zusammenwirken? Man definiert:

**Gemeinsame Wahrscheinlichkeitsverteilung**
Sind X und Y zwei Zufallsvariablen, so heißt $P(X = x_i \wedge Y = y_i) = P(X = x_i; y = y_i)$ die gemeinsame Wahrscheinlichkeitsverteilung der Zufallsgröße (X, Y).
Es gilt $\sum_i \sum_j P(X = x_i; Y = y_j) = 1$.

Anmerkungen:

- Die zweidimensionale Zufallsvariable (X; Y) heißt **diskret**, wenn X und Y diskret sind, **stetig**, wenn X und Y stetig sind. Bei praktischen Problemen treten aber auch gemischte Zufallsvariablen auf.
- Die Funktion $F(x, y) = P(X \leq x, Y \leq y)$ heißt **kumulative Verteilungsfunktion** der zweidimensionalen Zufallsgröße (X; Y). Die kumulative Verteilungsfunktion besitzt die Form einer Treppenfläche.
- Für die **Randwahrscheinlichkeiten** (Randvektoren, Randverteilungen, Marginalverteilungen) $P(X = x_i)$ bzw. $P(Y = y_i)$ gilt:

$$P(X = x_i) = \sum_{j=1}^{n} P(X = x_i; Y = y_j)$$ (Aufsummieren über $y_j$ bei festem $x_i$) bzw.

$$P(Y = y_j) = \sum_{i=1}^{n} P(X = x_i; Y = y_j)$$ (Aufsummieren über $x_i$ bei festem $y_j$)

**Beispiel**

Gegeben ist die gemeinsame Wahrscheinlichkeitsfunktion (X; Y) der Zufallsgrößen X und Y in Tabellenform:

| x \ y | 0 | 1 | 2 |
|---|---|---|---|
| 0 | 0,04 | 0,10 | 0,06 |
| 1 | 0,16 | 0,40 | 0,24 |

Bestimme die Wahrscheinlichkeitsverteilungen der Zufallsgrößen X und Y als Randwahrscheinlichkeiten. Zeichne für die gemeinsame Wahrscheinlichkeitsfunktion $P(X = x_i; Y = y_j)$ ein Stabdiagramm sowie die kumulative Verteilungsfunktion F(x, y).

Lösung:
Die Randverteilungen kann man der folgenden Tabelle entnehmen:

| x \ y | 0 | 1 | 2 | |
|---|---|---|---|---|
| 0 | 0,04 | 0,10 | 0,06 | 0,20 |
| 1 | 0,16 | 0,40 | 0,24 | 0,80 |
| | 0,20 | 0,50 | 0,30 | 1 |

Es gilt:

| $x_i$ | 0 | 1 |
|---|---|---|
| $P(X = x_i)$ | 0,20 | 0,80 |

| $y_j$ | 0 | 1 | 2 |
|---|---|---|---|
| $P(Y = y_j)$ | 0,20 | 0,50 | 0,30 |

Stabdiagramm der gemeinsamen Wahrscheinlichkeiten:

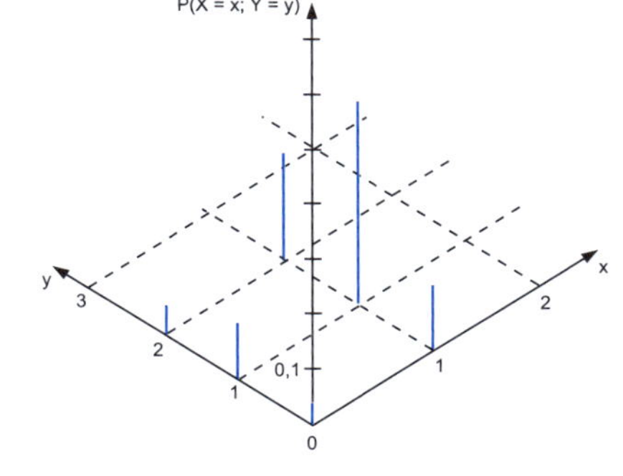

Für die kumulative Verteilungsfunktion erhält man in Tabellenform:

| x \ y | 0 | 1 | 2 | |
|---|---|---|---|---|
| 0 | 0,04 | 0,14 | 0,20 | |
| 1 | 0,20 | 0,70 | 1,00 | $\rightarrow P(Y \leq y)$ |
| | | | $\downarrow$ $P(X \leq x)$ | |

Graph der kumulativen Verteilungsfunktion:

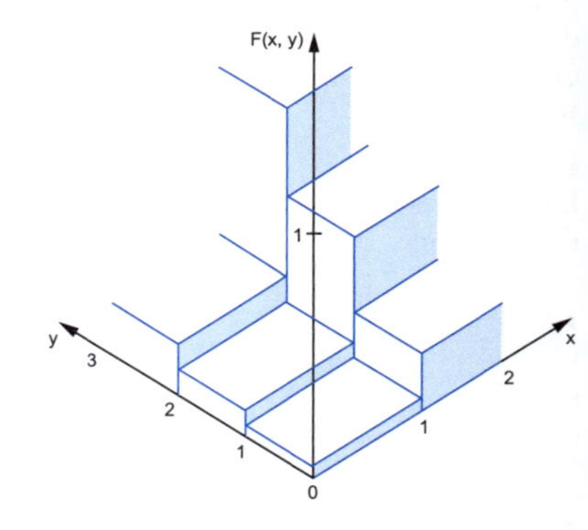


Wie bei den Ereignissen definiert man:

**Stochastische Unabhängigkeit**
Zwei Zufallsgrößen X und Y, die auf demselben Wahrscheinlichkeitsraum definiert sind, heißen stochastisch unabhängig, wenn für alle $x_i$, $y_j$ gilt:
$$P(X = x_i \wedge Y = y_j) = P(X = x_i) \cdot P(Y = y_j)$$

Im Beispiel von Seite 53 f. gilt diese Beziehung für alle $x_i$, $y_j$, z. B. $P(X = 0 \wedge Y = 1) = 0{,}1 = 0{,}2 \cdot 0{,}5 = P(X = 0) \cdot P(Y = 1)$, d. h. die dort angegebenen Zufallsgrößen X und Y sind stochastisch unabhängig.

Da Zufallsgrößen Funktionen auf $\Omega$ mit reellen Werten sind, lassen sich diese wie Funktionen verknüpfen. Man definiert:

**Verknüpfung von Zufallsgrößen**

Die Zufallsgrößen X und Y seien über demselben Wahrscheinlichkeitsraum definiert und $g: \mathbb{R} \to \mathbb{R}$ sei eine stetige Funktion. Dann gilt:

**Summe** $Z_1 = X + Y$

**Produkt** $Z_2 = X \cdot Y$

**Verkettung** $Z_3 = g(X)$

sind auch wieder Zufallsgrößen.

Dabei gilt: Aus $X(\omega) = x \ \wedge \ Y(\omega) = y$ folgt:
$(X + Y)(\omega) = x + y, \ (X \cdot Y)(\omega) = x \cdot y, \ g(X(\omega)) = g(x)$

**Beispiel**

Ein Glücksrad mit drei Sektoren, die die Ziffern 1 bzw. 2 bzw. 3 tragen, wird zweimal nacheinander gedreht. Die Zahl bei der ersten Drehung (Zufallsgröße X) wird verdoppelt, die bei der zweiten (Zufallsgröße Y) wird verdreifacht.

Lösung:
$Z = 2 \cdot X + 3 \cdot Y$ ist eine Zufallsgröße, die die Werte 5, 7, 8, 9, 10, 11, 12, 13 und 15 annimmt.

# 3 Maßzahlen

## 3.1 Erwartungswert

Bei statistischen Erhebungen lassen sich häufig die erhobenen Daten durch einen Mittelwert, im Allgemeinen das arithmetische Mittel $\overline{z} = \frac{1}{n}\sum_{i=1}^{n} z_i$ „verdichten". Entsprechend dieser Mittelwertbildung definiert man:

> **Erwartungswert**
> Z sei eine Zufallsgröße, die die Zahlen $z_1, z_2, \ldots, z_n$ annehmen kann. Die reelle Zahl $\mu = E(Z)$ mit
> $$\mathbf{E(Z)} = z_1 \cdot P(Z = z_1) + \ldots + z_n \cdot P(Z = z_n) = \sum_{i=1}^{n} \mathbf{z_i \cdot P(Z = z_i)}$$
> heißt der Erwartungswert der Zufallsgröße Z.

Anmerkungen:
- Der Mittelwert $\overline{z}$ bezieht sich auf die „Vergangenheit", d. h. es werden Informationen verwendet, die in einer Stichprobe tatsächlich aufgetreten sind.
- Der Erwartungswert E(Z) schaut in die „Zukunft", d. h. er sagt aus, dass sich bei sehr vielen Durchführungen des Zufallsexperiments ein Mittelwert E(Z) einstellen wird.

**Beispiel** Bei einem Spielautomaten sind die folgenden Auszahlungen Z in € mit den angegebenen Wahrscheinlichkeiten programmiert. Bei welchem Einsatz wäre das Spiel an diesem Automaten fair?

| z | 0 | 1 | 5 | 10 |
|---|---|---|---|---|
| P(Z = z) | 0,80 | 0,15 | 0,04 | 0,01 |

Lösung:
Ein Spiel ist **fair**, wenn der Erwartungswert der Auszahlungen mit dem Einsatz übereinstimmt. Im Beispiel gilt:
$E(Z) = 0 \cdot 0{,}80 + 1 \cdot 0{,}15 + 5 \cdot 0{,}04 + 10 \cdot 0{,}01 = 0{,}45$ €.
Bei einem Einsatz von 45 Cent wäre das Spiel fair.

Für eine **stetige Zufallsgröße** X wird der Erwartungswert

definiert durch $E(X) = \int_{-\infty}^{\infty} x \cdot f(x)\,dx$

In der beschreibenden Statistik kennt man neben dem arithmetischen Mittel als weitere Mittelwerte:

**Median m:** m ist der mittelste Wert der geordneten Stichprobe.

**Modus D:** D ist der Wert mit der größten relativen Häufigkeit.

**Geometrisches Mittel:** $z_g = \sqrt[n]{\prod_{i=1}^{n} z_i}$

**Harmonisches Mittel:** $z_h = \frac{n}{\sum_{i=1}^{n} \frac{1}{z_i}}$

**p-Quantil $q_p$:** $q_p$ ist so definiert, dass $p \cdot n$ der Messwerte kleiner gleich $q_p$ und $(1-p) \cdot n$ Messwerte größer oder gleich $q_p$ sind.
Es gilt: $p = 0{,}5$: Median m
$p = 0{,}25$: 1. Quartil (unteres Quartil)
$p = 0{,}75$: 3. Quartil (oberes Quartil)

## 3.2 Varianz und Standardabweichung

Als Maß für die Streuung der Werte einer Zufallsgröße Z um den Erwartungswert E(Z) hat sich die Varianz Var(Z) durchgesetzt. Man definiert:

**Varianz einer Zufallsgröße**
Ist Z eine Zufallsgröße, die die Werte $z_1, z_2, \ldots, z_n$ annehmen kann und den Erwartungswert $\mu = E(Z)$ besitzt, so heißt die reelle Zahl

$$\mathbf{Var(Z)} = (z_1 - \mu)^2 \cdot P(Z = z_1) + \ldots + (z_n - \mu)^2 \cdot P(Z = z_n) = \sum_{i=1}^{n} (z_i - \mu)^2 \cdot P(Z = z_i)$$

die Varianz der Zufallsgröße Z.

**Verschiebungssatz**
Die Varianz lässt sich auch einfach mit dem Verschiebungssatz berechnen: $\mathbf{Var(Z) = E(Z^2) - [E(Z)]^2}$

**Varianz für stetige Zufallsgrößen**
Für stetige Zufallsgrößen X gilt:

$$\text{Var}(X) = \int_{-\infty}^{\infty} (x - E(X))^2 \cdot f(x)\,dx = \int_{-\infty}^{\infty} x^2 \cdot f(x)\,dx - [E(X)]^2$$

Anmerkung: Aus der Definition der Varianz ergibt sich, dass die Varianz auch als Erwartungswert der quadratischen Abweichung vom Erwartungswert $\mu = E(Z)$ gedeutet werden kann, d. h.

$$\text{Var}(Z) = E[(Z - \mu)^2] = \sum_{i=1}^{n} (z_i - \mu)^2 \cdot P(Z = z_i)$$

Weitere **Streuungsmaße** der beschreibenden Statistik:
**Spannweite r:** $r = |z_{max} - z_{min}|$
**Halbweite R:** $R = |q_{0,75} - q_{0,25}|$
**maximale Abweichung e:** $e = \max|z_i - \bar{z}|$

**mittlere absolute Abweichung $\bar{e}$:** $\bar{e} = \sum_{i=1}^{n} |z_i - \bar{z}| \cdot h_i$

Aus einer Stichprobe mit n Werten $z_i$ schätzt man:

Erwartungswert: $E(Z) = \overline{z}$; $Var(Z) = \frac{1}{n-1} \sum_{i=1}^{n} (z_1 - \overline{z})^2$

Wegen des Quadrats in der Formel für die Varianz bekommen „Ausreißer", d. h. Werte, die weit vom Erwartungswert E(Z) entfernt sind, ein verhältnismäßig großes Gewicht. Ferner hat die Varianz die unanschauliche Dimension $(\text{Größe})^2$. Um diese Nachteile etwas abzumindern, definiert man:

**Standardabweichung**

Der Wert $\boldsymbol{\sigma(Z) = \sqrt{Var(Z)}}$ heißt Standardabweichung der Zufallsgröße Z.

**Beispiel**

Ein Glücksrad hat vier Sektoren, die mit den Ziffern 1 bis 4 beschriftet sind. Jede Ziffer erscheint mit der gleichen Wahrscheinlichkeit. Das Glücksrad werde zweimal gedreht. Die Zufallsgröße Z gebe die Summe der beiden Ziffern an. Bestimme aus der Wahrscheinlichkeitsverteilung von Z die Maßzahlen E(Z), Var(Z) und σ(Z).

Lösung:
Für die Wahrscheinlichkeitsverteilung gilt:

| z | 2 | 3 | 4 | 5 | 6 | 7 | 8 |
|---|---|---|---|---|---|---|---|
| P(Z = z) | $\frac{1}{16}$ | $\frac{2}{16}$ | $\frac{3}{16}$ | $\frac{4}{16}$ | $\frac{3}{16}$ | $\frac{2}{16}$ | $\frac{1}{16}$ |

$$E(Z) = 2 \cdot \tfrac{1}{16} + 3 \cdot \tfrac{2}{16} + 4 \cdot \tfrac{3}{16} + 5 \cdot \tfrac{4}{16} + 6 \cdot \tfrac{3}{16} + 7 \cdot \tfrac{2}{16} + 8 \cdot \tfrac{1}{16} = 5$$

$$Var(Z) = (2-5)^2 \cdot \tfrac{1}{16} + (3-5)^2 \cdot \tfrac{2}{16} + (4-5)^2 \cdot \tfrac{3}{16} + (5-5)^2 \cdot \tfrac{4}{16} + +(6-5)^2 \cdot \tfrac{3}{16} + (7-5)^2 \cdot \tfrac{2}{16} + (8-5)^2 \cdot \tfrac{1}{16} = 2{,}5$$

oder mit dem Verschiebungssatz:

$$Var(Z) = 2^2 \cdot \tfrac{1}{16} + 3^2 \cdot \tfrac{2}{16} + 4^2 \cdot \tfrac{3}{16} + 5^2 \cdot \tfrac{4}{16} + 6^2 \cdot \tfrac{3}{16} + 7^2 \cdot \tfrac{2}{16} + 8^2 \cdot \tfrac{1}{16} - 5^2 = 2{,}5$$

$$\sigma(Z) = \sqrt{Var(Z)} = 1{,}58$$

## 3.3 Regeln für das Rechnen mit den Maßzahlen

Bei zusammengesetzten Zufallsgrößen kann man in vielen Fällen die Maßzahlen aus den Einzelmaßzahlen mithilfe der folgenden Regeln gewinnen:

**Für den Erwartungswert gelten mit $a \in \mathbb{R}$:**

$E(a) = a$

$E(Z + a) = E(Z) + a$

$E(a \cdot Z) = a \cdot E(Z)$

$E(X + Y) = E(X) + E(Y)$ (Erwartungswert einer Summe = Summe der Erwartungswerte)

Für stochastisch unabhängige Zufallsgrößen gilt:

$E(X \cdot Y) = E(X) \cdot E(Y)$

**Für die Varianz bzw. für die Standardabweichung gelten mit $a \in \mathbb{R}$:**

$\mathrm{Var}(a) = 0$ $\qquad \sigma(a) = 0$

$\mathrm{Var}(Z + a) = \mathrm{Var}(Z)$ $\qquad \sigma(Z + a) = \sigma(Z)$

$\mathrm{Var}(a \cdot Z) = a^2 \cdot \mathrm{Var}(Z)$ $\qquad \sigma(a \cdot Z) = |a| \cdot \sigma(Z)$

Für stochastisch unabhängige Zufallsgrößen gilt:

$\mathrm{Var}(X + Y) = \mathrm{Var}(X) + \mathrm{Var}(Y)$

$$\sigma(X + Y) = \sqrt{\mathrm{Var}(X) + \mathrm{Var}(Y)} = \sqrt{\sigma(X)^2 + \sigma(Y)^2}$$

**Für das arithmetische Mittel $\overline{Z} = \frac{1}{n}\sum_{i=1}^{n} Z_i$** gilt, wenn alle $Z_i$ gleichverteilt und stochastisch unabhängig sind, mit $\mu = E(Z_i)$ und $\mathrm{Var}(Z_i) = \sigma^2$

$E(\overline{Z}) = \mu$, $\mathrm{Var}(\overline{Z}) = \frac{1}{n}\sigma^2$ und $\sigma(\overline{Z}) = \frac{\sigma}{\sqrt{n}}$ (**$\sqrt{n}$ - Gesetz**)

**Beispiel**

Ein idealer Würfel wird zweimal geworfen. Die Zufallsgröße X gebe die Augenzahl beim ersten, Y die beim zweiten Wurf an. Bestimme jeweils Erwartungswert, Varianz und Standardabweichung der Zufallsgrößen

$Z_1 = X - 5$, $Z_2 = 2X + Y$ und $Z_3 = \frac{1}{2} \cdot (X + Y)$

Lösung:
Für den idealen Würfel gilt:

$$E(X) = E(Y) = \tfrac{1}{6} \cdot (1 + 2 + 3 + 4 + 5 + 6) = 3{,}5 \text{ und}$$

$$Var(X) = Var(Y) = \tfrac{1}{6} \cdot (1^2 + 2^2 + 3^2 + 4^2 + 5^2 + 6^2) - 3{,}5^2 =$$

$$= \tfrac{35}{12} \approx 2{,}92$$

$$E(Z_1) = E(X) - 5 = 3{,}5 - 5 = -1{,}5;\ Var(Z_1) = Var(X) = \tfrac{35}{12};$$

$$\sigma(Z_1) = \sqrt{\tfrac{35}{12}} \approx 1{,}71$$

$$E(Z_2) = 2 \cdot E(X) + E(Y) = 10{,}5;$$

$$Var(Z_2) = 4 \cdot Var(X) + Var(Y) = \tfrac{175}{12};$$

$$\sigma(Z_2) = \sqrt{\tfrac{175}{12}} \approx 3{,}82$$

$$E(Z_3) = 3{,}5;\ \ Var(Z_3) = \tfrac{1}{2} \cdot \tfrac{35}{12} = \tfrac{35}{24};\ \ \sigma(Z_3) = \sqrt{\tfrac{35}{24}} = 1{,}46,$$

weil $Z_3$ das arithmetische Mittel aus den gleichverteilten und unabhängigen Zufallsgrößen X und Y ist.

# Binomialverteilung

## 1 Binomialverteilte Zufallsgrößen

### 1.1 Definition und Eigenschaften der Binomialverteilung

Unter den Wahrscheinlichkeitsverteilungen von Zufallsgrößen gibt es eine Reihe, bei denen die Wahrscheinlichkeiten mithilfe einer Formel bzw. einer Tabelle bestimmt werden können. Besonders häufig wird die auf der Bernoulli-Kette aufbauende Verteilung, die Binomialverteilung, verwendet.

**Binomialverteilung**
Die Wahrscheinlichkeitsverteilung (für die Anzahl Z der Treffer) einer Bernoulli-Kette

$$B_p^n\colon k \mapsto B_p^n(Z = k) = \binom{n}{k} \cdot p^k \cdot (1-p)^{n-k}, k \in \{0, \ldots, n\}$$

heißt Binomialverteilung.

**Erwartungswert und Varianz einer binomialverteilten Zufallsgröße**
Eine binomialverteilte Zufallsgröße Z hat den Erwartungswert $E(Z) = n \cdot p$ und die Varianz $Var(Z) = n \cdot p \cdot (1-p)$.

Anmerkungen:

- Der Name rührt daher, dass $B_p^n(Z = k)$ der k-te Summand in der binomischen Formel

  $$[p + (1-p)]^n = \sum_{k=0}^{n} \binom{n}{k} \cdot p^k \cdot (1-p)^{n-k} \text{ ist.}$$

  Da $[p + (1-p)]^n = [p + 1 - p]^n = 1^n = 1$ gilt, ergibt die Summe aller Wahrscheinlichkeitswerte den Wert 1.
- Die Schreibweise $B_p^n(Z = k)$ ist dem Namen nachempfunden. Weitere Schreibweisen sind $P_p^n(Z = k)$ bzw. $B(n, p, k)$.

**Beispiel** In einem Fremdenverkehrsort kehren die Fremdenführer während einer Stadtführung mit einer Wahrscheinlichkeit von 60 % im Stadtcafé ein.
Bestimme die Wahrscheinlichkeit, dass der Fremdenführer Mahler mit den nächsten fünf Gruppen k-mal, $k \in \{0, 1, 2, 3, 4, 5\}$, im Stadtcafé einkehrt.

Lösung:
Für die Zufallsvariable Z: „Einkehr im Stadtcafé" gilt:

$$B^5_{0,6}(Z=k) = \binom{5}{k} \cdot 0{,}6^k \cdot 0{,}4^{5-k},\ k \in \{0, 1, 2, 3, 4, 5\}$$

| k | 0 | 1 | 2 | 3 | 4 | 5 |
|---|---|---|---|---|---|---|
| $B^5_{0,6}(Z=k)$ | 0,0102 | 0,0768 | 0,2304 | 0,3456 | 0,2592 | 0,0778 |

Mit den in der Tabelle berechneten Werten wird das Histogramm gezeichnet.

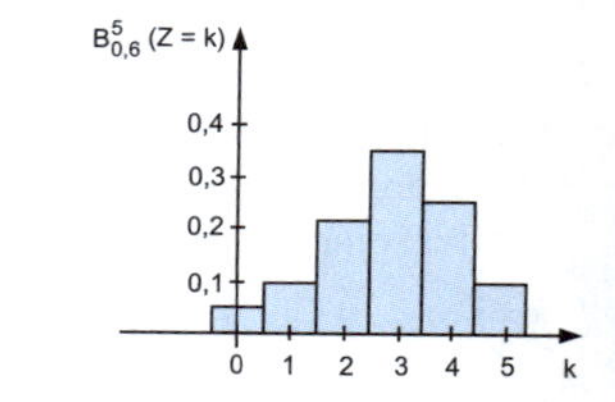


Zur statistischen Untersuchung einer Grundgesamtheit auf ein bestimmtes Merkmal hin entnimmt man eine Stichprobe der Länge n aus der Grundgesamtheit mit N Objekten und stellt die Anzahl k der Merkmalsträger in der Stichprobe fest. Will man aus diesem Ergebnis auf die Gesamtzahl K der Merkmalsträger in der Grundgesamtheit schließen, so liegt dieser Untersuchung die Verteilung des Ziehens ohne Zurücklegen, die **hypergeometrische Verteilung** mit

$\mathbf{P(Z=k) = \dfrac{\binom{K}{k} \cdot \binom{N-K}{n-k}}{\binom{N}{n}}}$ mit dem Erwartungswert $\mathbf{E(Z) = n \cdot \frac{K}{N}}$

und der Varianz $\mathbf{Var(Z) = n \cdot \frac{K}{N} \cdot \frac{N-K}{N} \cdot \frac{N-n}{N-1}}$ zugrunde.

Falls $n \ll \min(N; K; n-K)$ gilt, kann die hypergeometrische Verteilung näherungsweise durch die einfachere, weil tabellierte Binomialverteilung mit $p = \frac{K}{N}$ ersetzt werden.

Die Binomialverteilung hat folgende Eigenschaften:

1. Jede Binomialverteilung mit $p = 0{,}5$ ist zu sich selbst symmetrisch, weil

$$B^n_{0,5}(Z = k) = \binom{n}{k} \cdot 0{,}5^k \cdot 0{,}5^{n-k} = \binom{n}{n-k} \cdot 0{,}5^{n-k} \cdot 0{,}5^k = \\ = B^n_{0,5}(Z = n - k)$$

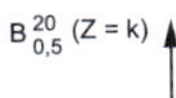


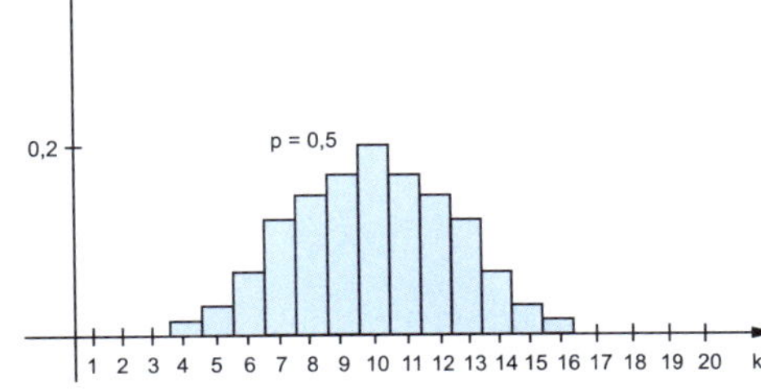

2. Die Verteilungen mit $B_p^n$ und $B_{1-p}^n$ sind symmetrisch bezüglich der Geraden $k = \frac{n}{2}$.

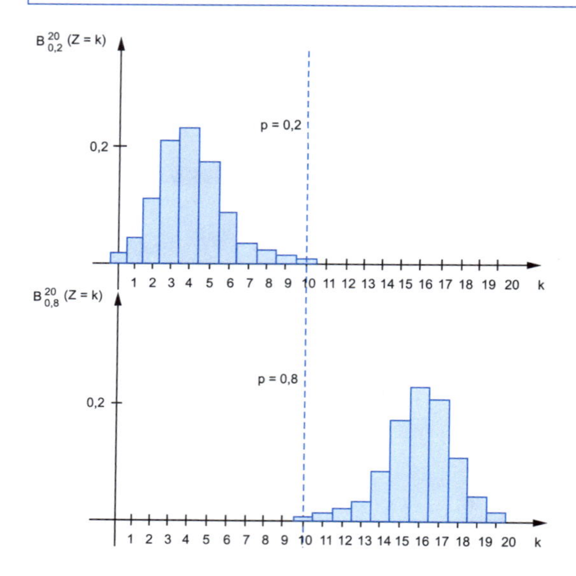


3. Falls $(n+1) \cdot p$ ganzzahlig ist, besitzt die Verteilung zwei Maxima.

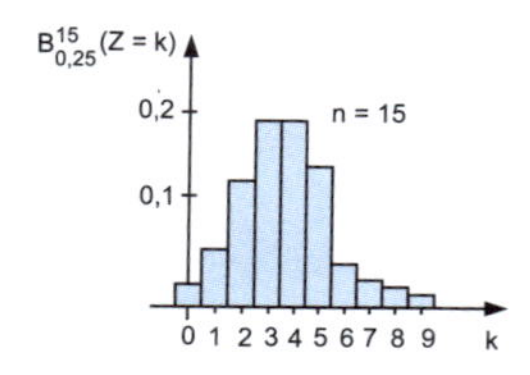

4. Die Maxima der Verteilung verschieben sich mit wachsendem p bzw. mit wachsendem n nach rechts. Sie liegen in der Nähe des Wertes $\mu = n \cdot p$

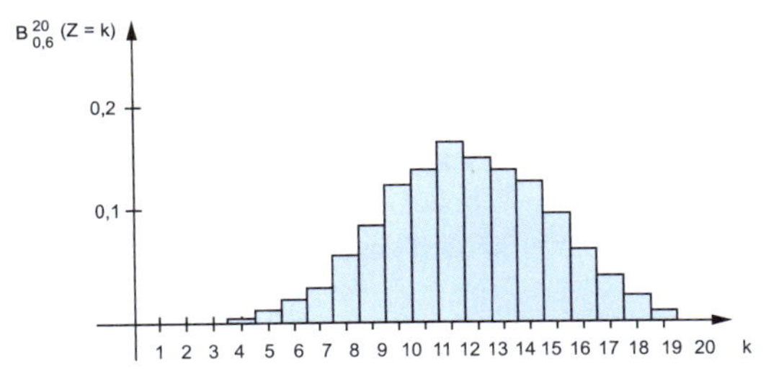


5. Die Verteilungen weichen mit wachsendem n immer weniger von einer symmetrischen Verteilung ab.

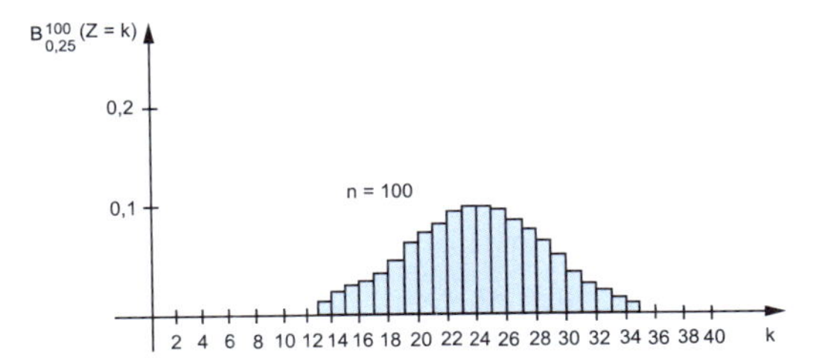

## 1.2 Berechnung von Wahrscheinlichkeitswerten mit Tabellen

Da alle Binomialverteilungen mit gleichen Parametern p und n, ohne Rücksicht auf Inhalt und Umfang der Grundgesamtheit, gleiche Wahrscheinlichkeitswerte $B_p^n(Z=k)$ besitzen, kann man für ausgewählte, d. h. häufig auftretende Werte von n und p die Werte tabelliert angeben. Die Tabelle der Binomialverteilung enthält die Werte $B_p^n(Z=k)$ bzw. $B_{1-p}^n(Z=n-k)$. Im Folgenden findet man einen Tabellenausschnitt, wobei nur die Dezimalstellen nach 0,… aufgeführt sind:

| n | k \ p | 0,20 | 0,25 | 0,30 | $\frac{1}{3}$ | 0,35 | 0,40 | 0,45 | 0,50 | |
|---|---|---|---|---|---|---|---|---|---|---|
| 10 | 0 | 10737 | 05631 | 02825 | 01734 | 01346 | 00605 | 00253 | 00098 | 10 |
| | 1 | 26844 | 18771 | 12106 | 08671 | 07249 | 04031 | 02072 | 00977 | 9 |
| | 2 | 30199 | 28157 | 23347 | 19509 | 17565 | 12093 | 07630 | 04395 | 8 |
| | 3 | 20133 | 25028 | 26683 | 26012 | 25222 | 21499 | 16648 | 11719 | 7 |
| | 4 | 08808 | 14600 | 20012 | 22761 | 23767 | 25082 | 23837 | 20508 | 6 |
| | 5 | 02642 | 05840 | 10292 | 13656 | 15357 | 20066 | 23403 | 24609 | 5 |
| | 6 | 00551 | 01622 | 03676 | 05690 | 06891 | 11148 | 15957 | 20508 | 4 |
| | 7 | 00079 | 00309 | 00900 | 01626 | 02120 | 04247 | 07460 | 11719 | 3 |
| | 8 | 00007 | 00039 | 00145 | 00305 | 00428 | 01062 | 02289 | 04395 | 2 |
| | 9 | 00000 | 00003 | 00014 | 00034 | 00051 | 00157 | 00416 | 00977 | 1 |
| | 10 | | 00000 | 00001 | 00002 | 00003 | 00010 | 00034 | 00098 | 0 |
| n | | 0,80 | 0,75 | 0,70 | $\frac{2}{3}$ | 0,65 | 0,60 | 0,55 | 0,50 | p \ k |

**Beispiel** $B_{0,2}^{10}(Z=2)=0{,}30199=30{,}20\ \%$

Man sucht in der Tabelle die Seite mit n = 10. In diesem Abschnitt geht man dann zu p = 0,2 und liest unter k = 2 den gesuchten Wert ab.

Die Tabelle der **kumulativen Binomialverteilung** enthält die Werte $B_p^n(Z \leq k)$. Im Folgenden findet man einen Ausschnitt aus der Tabelle.

| n | k \ p | 0,20 | 0,25 | 0,30 | $\frac{1}{3}$ | 0,35 | **0,40** | 0,45 | 0,50 |
|---|---|---|---|---|---|---|---|---|---|
| **10** | 0 | 10737 | 05631 | 02825 | 01734 | 01346 | 00605 | 00253 | 00098 |
| | 1 | 37581 | 24403 | 14931 | 104505 | 08595 | 04636 | 02326 | 01074 |
| | 2 | 67780 | 52559 | 38278 | 29914 | 26161 | 16729 | 09956 | 05469 |
| | 3 | 87913 | 77588 | 64961 | 55926 | 51383 | 38228 | 26604 | 17188 |
| | 4 | 96721 | 92187 | 84973 | 78687 | 75150 | 63310 | 50440 | 37695 |
| | **5** | 99363 | 98027 | 95265 | 92344 | 90507 | **83376** | 73844 | 62305 |
| | 6 | 99914 | 99649 | 98941 | 98034 | 97398 | 94524 | 89801 | 82813 |
| | 7 | 00002 | 99958 | 99841 | 99660 | 99518 | 98771 | 97261 | 94531 |
| | 8 | | 99997 | 99986 | 99964 | 99946 | 99832 | 99550 | 98926 |
| | 9 | | | 99999 | 99998 | 99997 | 99990 | 99966 | 99902 |

$B_{0,4}^{10}(Z \leq 5) = 0,83376 = 83,38\ \%$

**Beispiel**

Um mit der kumulativen Tabelle arbeiten zu können, müssen alle Wahrscheinlichkeiten auf Ereignisse der Form „$Z \leq k$" umgeschrieben werden. Es gelten:

**$B_p^n(Z < k) = B_p^n(Z \leq k-1)$:**

$B_{0,4}^{100}(Z < 42) = B_{0,4}^{100}(Z \leq 41) = 0,62253 = 62,25\ \%$

**$B_p^n(Z > k) = 1 - B_p^n(Z \leq k)$:**

$$B_{0,3}^{50}(Z > 16) = 1 - B_{0,3}^{50}(Z \leq 16) = 1 - 0,68388 = $$
$$= 0,31612 = 31,61\ \%$$

**$B_p^n(Z \geq k) = 1 - B_p^n(Z \leq k-1)$:**

$$B_{0,8}^{200}(Z \geq 160) = 1 - B_{0,8}^{200}(Z \leq 159) = 1 - 0,45782 = $$
$$= 0,54218 = 54,22\ \%$$

**$B_p^n(k_1 < Z \leq k_2) = B_p^n(Z \leq k_2) - B_p^n(Z \leq k_1)$:**

$$B_{0,2}^{100}(18 < Z \leq 25) = B_{0,2}^{100}(Z \leq 25) - B_{0,2}^{100}(Z \leq 18) = $$
$$= 0,91252 - 0,36209 = 0,55043 = 55,04\ \%$$

## 1.3 Beispiele zur Binomialverteilung

1. Bei der Herstellung von „Billig-Glühlampen“ entsteht erfahrungsgemäß ein Ausschuss von 10 %. Sie werden ohne Kontrolle abgegeben.
   Mit welcher Wahrscheinlichkeit findet man unter 50 Glühlampen
   a) genau fünf,
   b) mindestens sieben,
   c) höchstens vier,
   d) mehr als zwei und weniger als zehn
   defekte Lampen?

   Lösung:

   a) $B_{0,1}^{50}(Z=5)=0{,}18492=18{,}49\ \%$

   b) $B_{0,1}^{50}(Z\geq 7)=1-B_{0,1}^{50}(Z\leq 6)=1-0{,}77023=0{,}22977=$
   $=22{,}98\ \%$

   c) $B_{0,1}^{50}(Z\leq 4)=0{,}43120=43{,}12\ \%$

   d) $B_{0,1}^{50}(2<Z<10)=B_{0,1}^{50}(Z\leq 9)-B_{0,1}^{50}(Z\leq 2)=$
   $=0{,}97546-0{,}11173=$
   $=0{,}86373=86{,}37\ \%$

2. In einem metallverarbeitenden Betrieb sind 80 % der Mitarbeiter bereit, wegen eines Großauftrags Überstunden zu machen.
   a) Mit welcher Wahrscheinlichkeit findet man unter zwölf zufällig ausgewählten Mitarbeitern genau zehn, die bereit sind, Überstunden zu machen?
   b) Wie viele Mitarbeiter muss man mindestens befragen, um mit einer Wahrscheinlichkeit von mehr als 90 % wenigstens einen zu finden, der nicht bereit ist, Überstunden zu machen?

Lösung:

a) $B_{0,8}^{12}(Z=10)=\binom{12}{10}\cdot 0,8^{10}\cdot 0,2^{2}=28,35\ \%$

(Taschenrechner, da n = 12 nicht tabelliert!)

b)
$$1-B_{0,2}^{n}(Z=0)>0,90$$
$$1-\binom{n}{0}\cdot 0,2^{0}\cdot 0,8^{n}>0,90$$
$$1-0,8^{n}>0,90$$
$$0,8^{n}>0,1$$
$$n\cdot\ln 0,8<\ln 0,1 \quad \Big|:\ln 0,8<0\ (!)$$
$$n>\frac{\ln 0,1}{\ln 0,8}=10,31\ \Rightarrow\ n\geq 11$$

Man muss mindestens elf Mitarbeiter befragen.

3. Der Anteil der Schwarzfahrer in einer U-Bahn sei p.
   a) Wie groß muss $p=p_1$ mindestens sein, um mit einer Wahrscheinlichkeit von mehr als 99 % unter 100 Fahrgästen mindestens einen Schwarzfahrer zu finden?
   b) Wie groß dürfte $p=p_2$ höchstens sein, um mit einer Wahrscheinlichkeit von mindestens 50 % unter 50 Fahrgästen keinen Schwarzfahrer zu finden?
   c) Die Wahrscheinlichkeit, dass ein Fahrgast Schwarzfahrer ist, beträgt 5 %. Es werden 100 Einzelkontrollen durchgeführt.
      (1) Mit welcher Wahrscheinlichkeit findet man mindestens drei, aber höchstens acht Schwarzfahrer?
      (2) Mit welcher Wahrscheinlichkeit werden genau vier Schwarzfahrer ertappt, die sich unter den ersten 50 Kontrollierten befinden?

Lösung:

a) $1-(1-p)^{100} > 0{,}99$

$(1-p)^{100} < 0{,}01$

$1-p < \sqrt[100]{0{,}01}$

$p > 1-\sqrt[100]{0{,}01} = 4{,}50\ \% \Rightarrow p_1 > 4{,}50\ \%$

b) $(1-p)^{50} \geq 0{,}5$

$1-p \geq \sqrt[50]{0{,}5}$

$p \leq 1-\sqrt[50]{0{,}5} = 1{,}38\ \% \Rightarrow p_2 \leq 1{,}38\ \%$

c) (1) $B_{0,05}^{100}(3 \leq Z \leq 8) = B_{0,05}^{100}(Z \leq 8) - B_{0,05}^{100}(Z \leq 2)$
$= 0{,}93691 - 0{,}11826 = 0{,}81865 =$
$= 81{,}87\ \%$

(2) $B_{0,05}^{50}(Z=4) \cdot B_{0,05}^{50}(Z=0) = 0{,}13598 \cdot 0{,}07694 =$
$= 1{,}05\ \%$

4. Binomialverteilungen lassen sich durch Simulation experimentell darstellen, z. B. kann man den n-fachen Münzenwurf sehr oft ausführen. Die relativen Häufigkeiten für 0, 1, 2, …, n Treffer nähern sich der Binomialverteilung $B_{0,5}^{n}$ an.

Das Beispiel schlechthin für eine experimentelle Binomialverteilung liefert das **Galton-Brett** (Francis Galton 1822–1911).
Möglicher Aufbau: In ein lotrechtes Brett sind Nägel so eingeschlagen, dass sie ein Quadratgitter erzeugen. Ein Trichter lenkt kleine Bleikugeln auf den ersten Nagel.
Die Kugeln werden auf ihrer Bahn von diesem und den folgenden Nägeln abgelenkt und sammeln sich in Fächern, die unter der letzten Nagelreihe angebracht sind. Im nebenstehenden Bild ist ein achtreihiges Galton-Brett verwendet, d. h. es gibt neun Auffangfächer $F_i$ mit $i = 0, 1, ..., 8$.

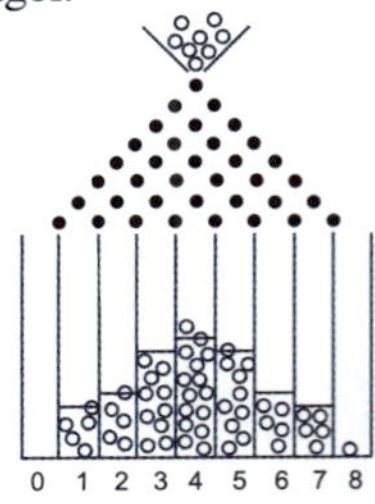

Stehen Kugeldurchmesser und Abstände der Nägel in einem günstigen Verhältnis und lässt man sehr viele Kugeln so wie beschrieben laufen, dann erhält man das Bild der Binomialverteilung mit $p = 1 - p = 0{,}5$. Die Kugeln laufen in das Fach $F_i$, $i = 0,1, \ldots, 8$, mit den in der folgenden Tabelle angegebenen Wahrscheinlichkeiten:

| i | 0 | 1 | 2 | 3 | 4 |
|---|---|---|---|---|---|
| $B^8_{0,5}(Z=i)$ | 0,004 | 0,031 | 0,109 | 0,219 | 0,273 |

| i | 5 | 6 | 7 | 8 |
|---|---|---|---|---|
| $B^8_{0,5}(Z=i)$ | 0,219 | 0,109 | 0,031 | 0,004 |

# 2 Tschebyschow-Ungleichung und Gesetze der großen Zahlen

## 2.1 Tschebyschow-Ungleichung

Von einer Zufallsgröße X kennt man die Wahrscheinlichkeitsverteilung und damit den Erwartungswert $\mu = E(X)$. Dann kann man Wahrscheinlichkeiten $P(|X - \mu| < \varepsilon)$ bzw. $P(|X - \mu| \geq \varepsilon)$ berechnen. Das sind Wahrscheinlichkeiten, mit denen die Zufallsgröße X Werte innerhalb bzw. außerhalb eines Intervalls symmetrisch um den Erwartungswert annimmt. Diese Wahrscheinlichkeiten interessieren deshalb, weil die Werte, die die Zufallsgröße X annimmt, bevorzugt in einer Umgebung um den Erwartungswert liegen. Kennt man die Wahrscheinlichkeitsverteilung der Zufallsgröße X nicht, sondern hat z. B. aus empirischen Überlegungen nur Informationen über Erwartungswert $\mu = E(X)$ und Standardabweichung $\sigma(X) = \sqrt{Var(X)}$, so kann man diese Wahrscheinlichkeiten abschätzen. Eine solche Abschätzung stammt von dem russischen Mathematiker P. L. Tschebyschow:

**Ungleichung von Tschebyschow**
Existieren Erwartungswert $\mu = E(X)$ und die Varianz $Var(X) \neq 0$ einer Zufallsgröße X, so gilt für jedes $\varepsilon > 0$:

$$P(|X - \mu| \geq \varepsilon) \leq \frac{Var(X)}{\varepsilon^2}$$

Anmerkungen:

- Die Abschätzung einer Wahrscheinlichkeit nach Tschebyschow gilt für alle Verteilungen, für die Erwartungswert und Varianz bestimmt werden können oder bekannt sind. Sie ist deshalb bisweilen sehr ungenau, verschafft aber einen Überblick.
- Aus der Tschebyschow-Ungleichung ergibt sich auch eine Abschätzung für das Treffen in das Intervall $]\mu - \varepsilon; \mu + \varepsilon[$:

  $$P(|X - \mu| < \varepsilon) \geq 1 - P(|X - \mu| \geq \varepsilon) \geq 1 - \frac{Var(X)}{\varepsilon^2} \quad \Rightarrow$$

  $$P(|X - \mu| < \varepsilon) \geq 1 - \frac{Var(X)}{\varepsilon^2}$$

- Für $\varepsilon = k \cdot \sigma$ erhält man die vereinfachte Form

  $P(|X-\mu| \geq k \cdot \sigma) \leq \frac{\sigma^2}{k^2 \cdot \sigma^2} = \frac{1}{k^2}$ bzw.

  $P(|X-\mu| < k \cdot \sigma) \geq 1 - \frac{1}{k^2}$

  Für $k = 1$ erhält man triviale Aussagen, für $k \geq 2$ die nützlichen Abschätzungen:

  $P(|X-\mu| < 2\sigma) \geq \frac{3}{4} = 75\ \%$

  $P(|X-\mu| < 3\sigma) \geq \frac{8}{9} = 88{,}89\ \%$

  $P(|X-\mu| < 4\sigma) \geq \frac{15}{16} = 93{,}75\ \%$

**Beispiel**

1. Die Zufallsgröße X hat den Erwartungswert $\mu = E(X) = 20$ und die Standardabweichung $\sigma(X) = 2{,}5$.
   Schätze mithilfe der Tschebyschow-Ungleichung die Wahrscheinlichkeit $P(|X-\mu| \geq 4)$ ab.

   Lösung:

   $P(|X-\mu| \geq 4) \leq \frac{\text{Var}(X)}{4^2} = \frac{2{,}5^2}{16} = 39{,}06\ \%$

2. Eine Firma stellt Maßteile her, deren Länge L den Erwartungswert $E(L) = 10$ cm bei einer Standardabweichung $\sigma(L) = 0{,}1$ cm besitzt. Teile mit zu großer Abweichung von der erwarteten Länge sind Ausschuss.
   Schätze mit der Ungleichung von Tschebyschow ab, welche Abweichung man zulassen muss, damit die Wahrscheinlichkeit für Ausschuss höchstens 10 % beträgt.

   Lösung:

   $P(|L-E(L)| \geq \varepsilon) \leq \frac{\text{Var}(X)}{\varepsilon^2} \leq 0{,}1$

   $\Rightarrow \varepsilon^2 \geq \frac{\sigma^2}{0{,}1} = \frac{0{,}01}{0{,}1} \Rightarrow \varepsilon \geq 0{,}32$

   Man muss eine Abweichung von mindestens 0,32 cm zulassen.

Für das arithmetische Mittel $\overline{X} = \frac{1}{n}\sum_{i=1}^{n} X_i$ ($X_i = X$ stochastisch unabhängige und gleichverteilte Zufallsgrößen mit $E(X) = E(X_i) = \mu$ und $Var(X) = Var(X_i) = \sigma^2$) als Zufallsgröße gilt:

$E(\overline{X}) = E(X_i) = \mu$, $Var(\overline{X}) = \frac{Var(X_i)}{n}$ und $\sigma(\overline{X}) = \frac{\sigma(X_i)}{\sqrt{n}}$.

Damit ergibt sich die

**Ungleichung von Tschebyschow**

$$P(|\overline{X} - \mu| \geq \varepsilon) \leq \frac{Var(X)}{n \cdot \varepsilon^2} \quad \text{bzw.} \quad P(|\overline{X} - \mu| < \varepsilon) \geq 1 - \frac{Var(X)}{n \cdot \varepsilon^2}$$

**Beispiel** Die mittleren Reparaturkosten X einer Offset-Druckmaschine betragen pro Jahr 400 € bei einer Standardabweichung von 60 €. In einem Großbetrieb arbeiten 50 solcher Maschinen. Mit welcher Wahrscheinlichkeit weicht das arithmetische Mittel $\overline{X}$ der Reparaturkosten der 50 Maschinen pro Jahr um mindestens 20 € vom erwarteten Wert ab?

Lösung:

$$P(|\overline{X} - \mu| \geq 20) \leq \frac{Var(X)}{n \cdot 20} = \frac{60^2}{50 \cdot 20^2} = 18\ \%$$

Für binomialverteilte Zufallsgrößen X gilt:

$E(X) = n \cdot p$, $Var(X) = n \cdot p \cdot (1-p)$ und $\sigma(X) = \sqrt{n \cdot p \cdot (1-p)}$.

Damit ergibt sich die

**Ungleichung von Tschebyschow**

$$P(|\overline{X} - n \cdot p| \geq \varepsilon) \leq \frac{n \cdot p \cdot (1-p)}{\varepsilon^2} \quad \text{bzw.}$$

$$P(|\overline{X} - n \cdot p| < \varepsilon) \geq 1 - \frac{n \cdot p \cdot (1-p)}{\varepsilon^2}$$

Beispiel

Rot-Grün-Blindheit tritt in einer Bevölkerung mit einer Wahrscheinlichkeit von 6 % auf.
Mit welcher Wahrscheinlichkeit befinden sich unter 250 überprüften Personen mehr als neun und weniger als 21 Personen, die an Rot-Grün-Blindheit leiden, wenn man die Ungleichung von Tschebyschow verwendet?

Lösung:

$\mu = E(X) = n \cdot p = 250 \cdot 0{,}06 = 15;$

$Var(X) = n \cdot p \cdot (1-p) = 250 \cdot 0{,}06 \cdot 0{,}94 = 14{,}1$

Für das Intervall $]9; 21[ = ]15-6; 15+6[$, d. h. für $\varepsilon = 6$ gilt:

$$P(|X-\mu| < 6) \geq 1 - \frac{Var(X)}{6^2} = 1 - \frac{14{,}1}{36} = 60{,}83\,\%$$

Dividiert man die Ungleichung $|X-\mu| \geq \varepsilon$ durch n, d. h. geht man zur relativen Häufigkeit $H_n = \frac{X}{n}$ und zur Wahrscheinlichkeit p über, so erhält man als Form der

**Tschebyschow-Ungleichung**

$$P(|H_n - p| \geq \varepsilon) \leq \frac{p \cdot (1-p)}{n \cdot \varepsilon^2} \quad \text{bzw.} \quad P(|H_n - p| < \varepsilon) \geq 1 - \frac{p \cdot (1-p)}{n \cdot \varepsilon^2}$$

Beispiel

Wie oft muss man einen idealen Würfel mindestens werfen, damit sich die relative Häufigkeit der auftretenden Sechser mit einer Wahrscheinlichkeit von mindestens 95 % um weniger als 0,02 von der Wahrscheinlichkeit $p = \frac{1}{6}$ der Sechser unterscheidet?

Lösung:

$$P(|H_n - p| < 0{,}02) \geq 1 - \frac{p \cdot (1-p)}{n \cdot 0{,}02^2} = 1 - \frac{\frac{1}{6} \cdot \frac{5}{6}}{n \cdot 0{,}02^2} \geq 0{,}95$$

$$\Rightarrow \frac{\frac{1}{6} \cdot \frac{5}{6}}{n \cdot 0{,}02^2} \leq 0{,}05$$

$$n \geq \frac{\frac{1}{6} \cdot \frac{5}{6}}{0{,}02^2 \cdot 0{,}05} = 6944{,}4 \;\Rightarrow\; n \geq 6945$$

Man muss den idealen Würfel mindestens 6 945-mal werfen.

Berücksichtigt man noch, dass $p \cdot (1-p) = -p^2 + p$ durch den Maximalwert $\frac{1}{4}$ (tritt bei $p = \frac{1}{2}$ auf) abgeschätzt werden kann, so erhält man für die

**Ungleichung von Tschebyschow**

$$P(|H_n - p| \geq \varepsilon) \leq \frac{p \cdot (1-p)}{n \cdot \varepsilon^2} \leq \frac{1}{4n \cdot \varepsilon^2} \text{ bzw.}$$

$$P(|H_n - p| < \varepsilon) \geq 1 - \frac{p \cdot (1-p)}{n \cdot \varepsilon^2} \geq 1 - \frac{1}{4n \cdot \varepsilon^2}$$

**Beispiel**

1. Der vermutete Anteil p der Autofahrer, die ohne Freisprechvorrichtung mit dem Handy telefonieren, soll durch die Kontrolle von 500 Autofahrern überprüft werden.
   Schätze mit der Ungleichung von Tschebyschow die Wahrscheinlichkeit dafür ab, dass die relative Häufigkeit der verbotenen Handytelefonate um weniger als 5 Prozentpunkte vom Wert p abweicht.

   Lösung:

   $$P(|H_n - p| < 0{,}05) \geq 1 - \frac{1}{4n \cdot \varepsilon^2} = 1 - \frac{1}{4 \cdot 500 \cdot 05^2} =$$
   $$= 1 - 0{,}2 = 80\,\%$$

2. Eine Partei möchte ihr Wahrergebnis durch eine repräsentative Umfrage mit mehr als 90 % Wahrscheinlichkeit auf 1 Prozentpunkt genau vorhersagen.
   Wie viele Wähler muss die repräsentative Umfrage mindestens umfassen, wenn man die Ungleichung von Tschebyschow verwendet?

   Lösung:

   $$P(|H_n - p| < 0{,}01) \geq 1 - \frac{1}{4n \cdot 0{,}01^2} > 0{,}9 \Rightarrow$$

   $$n > \frac{1}{4 \cdot 0{,}01^2 \cdot 0{,}1} = 25000$$

   Die Umfrage muss mehr als 25 000 Wähler umfassen.

## 2.2 Gesetze der großen Zahlen

Die Tschebyschow-Ungleichung in der Form

$$P(|H_n - p| < \varepsilon) \geq 1 - \frac{p \cdot (1-p)}{n \cdot \varepsilon^2}$$

zeigt, dass die Wahrscheinlichkeit von der Anzahl n der unabhängigen Wiederholungen des Zufallsexperiments abhängt. Lässt man n gegen Unendlich gehen, dann erhält man das schwache Gesetz der großen Zahlen.

**Schwaches Gesetz der großen Zahlen** (von Jakob Bernoulli)
Tritt bei einem Zufallsexperiment ein Ereignis A mit der Wahrscheinlichkeit $p = P(A)$ ein und bezeichnet $H_n$ die relative Häufigkeit des Ereignisses A in einer Folge von n unabhängigen Zufallsexperimenten, d. h. in einer Bernoulli-Kette der Länge n, dann gilt für jedes $\varepsilon > 0$:

$$\lim_{n \to \infty} P(|H_n - p| < \varepsilon) = 1$$

Anmerkungen:

- Das schwache Gesetz der großen Zahlen bestätigt die bisherige Annahme, dass unbekannte Wahrscheinlichkeiten durch relative Häufigkeiten geschätzt werden können.
- Die Konvergenz im Grenzwert des schwachen Gesetzes der großen Zahlen ist nicht die strenge Konvergenz der Analysis, sondern eine stochastische Konvergenz.

Eine etwas stärkere Konvergenz als im schwachen Gesetz der großen Zahlen liefert das starke Gesetz der großen Zahlen.

**Starkes Gesetz der großen Zahlen** (von Borel und Cantelli)
Die relative Häufigkeit konvergiert fast sicher gegen die zugehörige Wahrscheinlichkeit. Es gilt:

$$P(\lim_{n \to \infty} H_n = p) = 1$$

Anmerkung: Die Aussagen in den Gesetzen der großen Zahlen kann man verwenden, um ein Sicherheitsintervall (Konfidenzintervall) für eine unbekannte Wahrscheinlichkeit p durch $p \approx h_n$ abzuschätzen.

**Beispiel** Bei einer Umfrage eines Meinungsforschungsinstituts unter 1 000 zufällig ausgewählten Bürgern ergab sich, dass 120 der Befragten einem neuem Gesetzesvorhaben der Regierung zustimmten.
In welchem Intervall liegt die Wahrscheinlichkeit für die Zustimmung des Gesetzes in der Bevölkerung mit einer Sicherheitswahrscheinlichkeit von 90 %, wenn man die Tschebyschow-Ungleichung mit unterschiedlichen Genauigkeiten verwendet?

Lösung:

Für die relative Häufigkeit $H_n$ gilt: $h_n = \frac{120}{1000} = 0{,}12$

(1) Grobe Abschätzung mit $p \cdot (1-p) \le \frac{1}{4}$:

$$P(|H_n - p| < \varepsilon) \ge 1 - \frac{1}{4n \cdot \varepsilon^2} = 1 - \frac{1}{4 \cdot 1000 \cdot \varepsilon^2} \ge 0{,}90$$

$$\frac{1}{4 \cdot 1000 \cdot \varepsilon^2} \le 0{,}1 \quad \Rightarrow \quad \varepsilon^2 \ge \frac{1}{4 \cdot 1000 \cdot 0{,}1} \quad \Rightarrow \quad \varepsilon \ge 0{,}05$$

$$\Rightarrow \quad I = ]0{,}12 - 0{,}05; 0{,}12 + 0{,}05[ = ]0{,}07; 0{,}17[ = \\ = ]7\,\%; 17\,\%[$$

(2) Abschätzung mit $h_n \approx p$:

$$P(|H_n - p| < \varepsilon) \ge 1 - \frac{p(1-p)}{n \cdot \varepsilon^2} = 1 - \frac{0{,}12 \cdot 0{,}88}{1000 \cdot \varepsilon^2} \ge 0{,}90$$

$$\frac{0{,}12 \cdot 0{,}88}{1000 \cdot \varepsilon^2} \le 0{,}1 \quad \Rightarrow \quad \varepsilon^2 \ge \frac{0{,}12 \cdot 0{,}88}{1000 \cdot 0{,}1} \quad \Rightarrow \quad \varepsilon \ge 0{,}032$$

$$\Rightarrow \quad I = ]0{,}12 - 0{,}032; 0{,}12 + 0{,}032[ = ]0{,}088; 0{,}152[ = \\ = ]8{,}8\,\%; 15{,}2\,\%[$$

(3) Echtes Intervall für p:

$$P(|H_n - p| < \varepsilon) \ge 1 - \frac{p(1-p)}{1000 \cdot \varepsilon^2} \ge 0{,}9$$

$$\frac{p \cdot (1-p)}{1000 \cdot \varepsilon^2} \le 0{,}1 \quad \Rightarrow \quad \varepsilon^2 \ge \frac{p \cdot (1-p)}{1000 \cdot 0{,}1} \quad \Rightarrow \quad \varepsilon > \sqrt{\frac{p \cdot (1-p)}{100}}$$

Damit gilt:

$$|0{,}12 - p| < \sqrt{\frac{p(1-p)}{100}} \qquad |^2$$

$$p^2 - 0{,}24p + 0{,}0144 < \frac{p - p^2}{100} \qquad |\cdot 100$$

$$100p^2 - 24p + 1{,}44 < p - p^2$$

$$101p^2 - 25p + 1{,}44 < 0$$

Die Werte für p liegen zwischen den beiden Lösungen der zugehörigen quadratischen Gleichung.

$$p_{1/2} = \frac{1}{202}\left(25 \pm \sqrt{25^2 - 4 \cdot 101 \cdot 1{,}44}\right)$$

$$\Rightarrow\ p_1 = 0{,}0912 \quad p_2 = 0{,}1563$$

$$\Rightarrow\ I = ]0{,}0912; 0{,}1563[ = ]9{,}12\,\%; 15{,}63\,\%[$$

# Näherungen für die Binomialverteilung und Normalverteilung

## 1 Poisson-Verteilung

### 1.1 Poisson-Näherung der Binomialverteilung

In der stochastischen Praxis treten häufig bei Bernoulli-Experimenten Ereignisse auf, die äußerst selten eintreten, d. h. der Wert für den Parameter p ist sehr klein. Man muss in der Regel sehr lange Bernoulli-Ketten betrachten, um verwertbare Ergebnisse (in der Umgebung des Erwartungswertes $\mu = n \cdot p$) zu erhalten.
Für diese seltenen Ereignisse, d. h. für Bernoulli-Ketten großer Länge n und kleiner Trefferwahrscheinlichkeit p, gilt der von Poisson (1781–1840) angegebene Satz. Er beruht darauf, dass mit wachsender Länge n bei gleichbleibendem Erwartungswert μ der Wert für den Parameter $p = \frac{\mu}{n}$ immer kleiner wird. Es gilt dann:

**Poisson-Näherung der Binomialverteilung**

$$\lim_{n \to \infty} B_p^n(Z = k) = \lim_{n \to \infty} \binom{n}{k} \cdot \left(\frac{\mu}{n}\right)^k \cdot \left(1 - \frac{\mu}{n}\right)^{n-k} =$$

$$= \frac{\mu^k}{k!} \cdot e^{-\mu} = P_\mu(Z = k)$$

Anmerkungen:

- Die Poisson-Näherung der Binomialverteilung

  $B_p^n(Z = k) \approx P_\mu(Z = k)$ liefert für $p \leq 0{,}1$ und $n \geq 100$

  brauchbare Näherungswerte. Die Näherung ist nicht gut, falls sich die Trefferzahl k nur wenig von der Länge n der Bernoulli-Kette unterscheidet, da die Poisson-Formel für alle $k \in \mathbb{N}_0$, d. h. auch für $k > n$ definiert ist.
- Die Werte der Poisson-Verteilung $P_\mu$ finden sich in der kumulativen Form $P_\mu(Z \leq k)$ im Tabellenwerk.

**Beispiel** Ein neues Medikament gegen Arthrose ist so aufgebaut, dass nur noch bei 0,5 % der Patienten Magenprobleme auftreten. Bestimme mit der Poisson-Näherung die Wahrscheinlichkeit, dass es bei 1 000 Patienten, die das Medikament einnehmen, bei

a) genau vier,
b) mehr als sechs

Magenprobleme gibt.

Lösung:
Es gilt: $\mu = n \cdot p = 1000 \cdot 0{,}005 = 5$

a) $B_{0{,}005}^{1\,000}(Z = 4) \approx P_5(Z = 4) = \frac{5^4}{4!} \cdot e^{-5} = 17{,}55\ \%$
(Taschenrechner)

b) $B_{0{,}005}^{1\,000}(Z > 6) = 1 - B_{0{,}005}^{1\,000}(Z \leq 6) \approx 1 - P_5(Z \leq 6) =$
$1 - 0{,}76218 = 0{,}23782 = 23{,}78\ \%$
(Tabelle)

## 1.2 Poisson-Verteilung mit Parameter μ

In der Poisson-Formel entsteht der Wert $\mu = n \cdot p$, der Erwartungswert einer binomialverteilten Zufallsgröße, aus der Kenntnis von n und p. Sind diese Parameter nicht bekannt, muss der Wert μ als Mittelwert gedeutet werden. Es gilt dann:

**Poisson-Verteilung**
Die Wahrscheinlichkeitsverteilung der Zufallsgröße Z mit $\mathbf{P_\mu : k \mapsto P_\mu(Z = k) = \frac{\mu^k}{k!} e^{-\mu}}$, $k \in \mathbb{N}_0$ heißt Poisson-Verteilung mit dem Parameter μ (Mittelwert μ) und der Varianz $Var(Z) = \mu$.

Anmerkungen:
- Die Poisson-Verteilung kann unendlich viele Werte annehmen, da $k \in \mathbb{N}_0$ gilt.
- Die Poisson-Verteilung wurde als solche erstmals von L. von Bortkiewicz 1898 angewandt. Sie kann immer dann verwendet werden, wenn man den Mittelwert μ kennt.

Beispiel

Ein Vertreter besucht pro Tag durchschnittlich sechs Kunden. Mit welcher Wahrscheinlichkeit besucht er morgen

a) genau sieben,
b) weniger als fünf Kunden?

Lösung:

a) $P_6(Z=7)=\frac{6^7}{7!}\cdot e^{-6}=13{,}77\ \%$ (Taschenrechner)

b) $P_6(Z<5)=P_6(Z\leq 4)=0{,}28506=28{,}51\ \%$ (Tabelle)

## 1.3 Empirische Verteilung und Poisson-Verteilung

Wenn eine empirische Verteilung durch das Auftreten „seltener Ereignisse“ gegeben ist, kann diese mit einer Poisson-Verteilung mit dem Parameter $\mu$ verglichen werden. Aus der dann zugeordneten theoretischen Verteilung können Schlüsse auf weitere Eigenschaften und Werte der empirischen Verteilung angestellt werden. Allerdings muss im Allgemeinen diese Annäherung mithilfe eines Anpassungstests überprüft werden. Damit wird festgestellt, ob sich die berechneten und die beobachten Werte signifikant voneinander unterscheiden. Zur Anpassung der empirischen Werte an eine Poisson-Verteilung geht man wie folgt vor:

**Empirische Poisson-Verteilung**
Bestimme aus der empirischen Verteilung den Parameter $\mu$ und vergleiche dann die beobachteten Werte mit denen, die mithilfe der Verteilung $P_\mu$ berechnet werden können.

**Beispiel** Bei einer Verkehrskontrolle über 4 Stunden wurde die Anzahl Z der Kraftfahrzeuge registriert, die pro 3-Minuten-Intervall durch eine Spielstraße fahren. Es ergab sich die folgende empirische Verteilung:

| Anzahl z der Kfz | 0 | 1 | 2 | 3 | 4 | 5 | 6 oder mehr |
|---|---|---|---|---|---|---|---|
| Anzahl der Intervalle mit z Kfz | 17 | 27 | 21 | 10 | 4 | 1 | 0 |

Überprüfe, ob die Verteilung der Kfz pro 3-Minuten-Intervall näherungsweise Poisson-verteilt ist.

Lösung:
Aus den empirischen Werten ergibt sich als Schätzung für den Parameter $\mu$:

$$\mu = \overline{x} = \frac{1}{n}\sum_{i=1}^{n} x_i \cdot n_i = \frac{1}{80}(1 \cdot 27 + 2 \cdot 21 + 3 \cdot 10 + 4 \cdot 4 + 5 \cdot 1) = 1{,}5$$

Mithilfe der Poisson-Verteilung $P_{1,5}$ erhält man:

$$\begin{aligned}
P_{1,5}(Z=0) &= 0{,}22313 &\Rightarrow\quad N_0 &= 80 \cdot 0{,}22313 = 17{,}85 \approx 18\\
P_{1,5}(Z=1) &= 0{,}33470 &\Rightarrow\quad N_1 &= 80 \cdot 0{,}33470 = 26{,}78 \approx 27\\
P_{1,5}(Z=2) &= 0{,}25102 &\Rightarrow\quad N_2 &= 80 \cdot 0{,}25102 = 20{,}08 \approx 20\\
P_{1,5}(Z=3) &= 0{,}12551 &\Rightarrow\quad N_3 &= 80 \cdot 0{,}12551 = 10{,}04 \approx 10\\
P_{1,5}(Z=4) &= 0{,}04706 &\Rightarrow\quad N_4 &= 80 \cdot 0{,}04706 = 3{,}76 \approx 4\\
P_{1,5}(Z=5) &= 0{,}01412 &\Rightarrow\quad N_5 &= 80 \cdot 0{,}01412 = 1{,}13 \approx 1\\
P_{1,5}(Z \geq 6) &= 0{,}00446 &\Rightarrow\quad N_6 &= 80 \cdot 0{,}00446 = 0{,}36 \approx 0
\end{aligned}$$

Der Vergleich der empirischen und der theoretischen Werte zeigt, dass $P_{1,5}$ eine hinreichend gute Näherung für die beobachteten Werte darstellt. Die Güte der Anpassung kann man mit einem $\chi^2$-Anpassungstest (siehe Seite 122 f.) überprüfen.

# 2 Grenzwertsätze nach Moivre-Laplace

## 2.1 Standardisierung einer Zufallsgröße

Um die Verteilungen von Zufallsgrößen zu vergleichen, kann man sie so transformieren, dass sie alle den gleichen Erwartungswert und die gleiche Standardabweichung besitzen. Es gilt:

**Standardisierung von Zufallsgrößen**
Eine Zufallsgröße U heißt **standardisiert**, falls für den Erwartungswert $\mathbf{E(U) = 0}$ und für die Standardabweichung $\boldsymbol{\sigma(U) = 1}$ gilt.

Anmerkung: Jede Zufallsgröße Z kann durch $U = \frac{Z - E(Z)}{\sigma(Z)}$ zu einer standardisierten Zufallsgröße gemacht werden. Diese Transformation bewirkt, dass die Werte der Verteilung um $\mu = E(Z)$ nach links verschoben werden. Die Rechtecke des Histogramms besitzen die Breite $\frac{1}{\sigma(Z)}$ auf der u-Achse und die Höhe $h \cdot \sigma(Z)$.

**Beispiel**

Die Binomialverteilung $B_{0,5}^{64}$ hat den Erwartungswert $\mu = E(Z) = n \cdot p = 64 \cdot 0,5 = 32$ und die Standardabweichung $\sigma = \sqrt{n \cdot p \cdot (1-p)} = \sqrt{64 \cdot 0,5 \cdot 0,5} = 4$, d. h. zur Standardisierung werden die Werte um 32 nach links verschoben, die Breite der Histogrammrechtecke beträgt $\frac{1}{4}$ und sie besitzen die Höhe $4 \cdot h$.

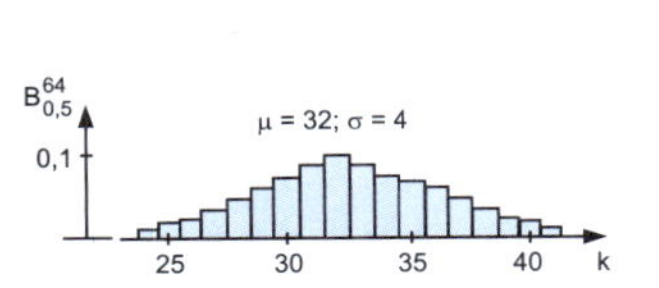


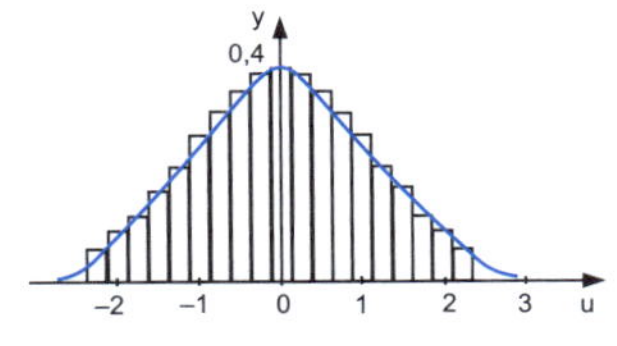

## 2.2 Lokale Näherungsformel nach Moivre-Laplace

Standardisiert man die Binomialverteilungen $B_p^n$, so nähern sich diese immer mehr an eine Glockenkurve an, deren Gleichung die der Gaußfunktion ist.

**Gaußfunktion**
Die für alle $x \in \mathbb{R}$ definierte Funktion
$\varphi: x \mapsto \varphi(x) = \frac{1}{\sqrt{2\pi}} e^{-\frac{1}{2}x^2}$ heißt Gaußfunktion.

Die Funktion $\varphi$
- ist stetig und differenzierbar,
- ist symmetrisch zur y-Achse,
- hat die x-Achse als Asymptote,
- hat den Hochpunkt $H(0\,|\,0{,}4)$
- hat die Wendepunkte $W(\pm 1\,|\,0{,}24)$

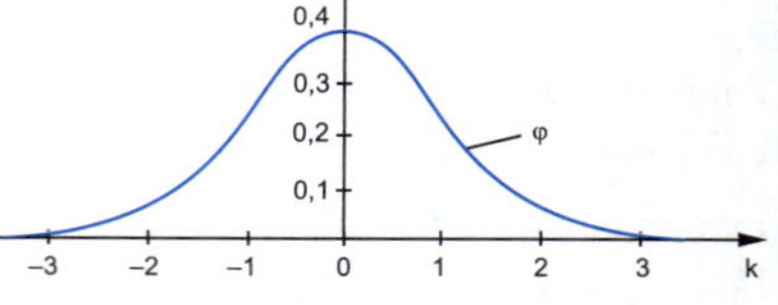


Verwendet man die Transformation von Seite 87 so gilt:

**Lokaler Grenzwertsatz von Moivre und Laplace**
Die standardisierten Binomialverteilungen nähern sich mit wachsendem n an die Gaußfunktion $\varphi$ an. Für große n gilt:
$B_p^n(Z = k) \approx \frac{1}{\sigma} \cdot \varphi\left(\frac{k-\mu}{\sigma}\right)$
mit
$\mu = E(Z) = n \cdot p \ \wedge \ \sigma = \sigma(Z) = \sqrt{n \cdot p \cdot (1-p)}$

Anmerkungen:
- Es gibt unterschiedliche Regeln für brauchbare Werte:
  $n \cdot p \cdot (1-p) > 9$ bzw. $n \cdot p > 4 \wedge n \cdot (1-p) > 4$
- Die $\varphi$-Werte sind tabelliert und unter „Dichte der Standardnormalverteilung“ zu finden.

Bestimme mit der Näherungsformel den Wert $B_{0,85}^{246}\ (Z=210)$. **Beispiel**

Lösung:

Es gilt: $\mu = n \cdot p = 246 \cdot 0{,}85 = 209{,}1$; $\sigma = \sqrt{n \cdot p \cdot (1-p)} =$

$= \sqrt{246 \cdot 0{,}85 \cdot 0{,}15} = 5{,}60$

$$B_{0,85}^{246}\ (Z=210) \approx \frac{1}{5{,}60}\varphi\left(\frac{210-209{,}1}{5{,}60}\right) = \frac{1}{5{,}60}\varphi\,(0{,}16) =$$

$$= \frac{1}{5{,}60} \cdot 0{,}39387 = 0{,}0703 = 7{,}03\ \%$$

Genauer Wert:

$$B_{0,85}^{246}(Z=210) = \binom{246}{210} \cdot 0{,}85^{210} \cdot 0{,}15^{36} = 7{,}09\ \%$$

## 2.3 Globale Näherungsformel nach Moivre-Laplace

Für viele Probleme aus der Praxis benötigt man Summenwahrscheinlichkeiten, z. B. Werte $B_p^n(k_1 \le Z \le k_2)$. Verwendet man die Gauß-Funktion $\varphi$, so gilt:

**Globale Näherungsformel von Moivre-Laplace**

Für hinreichend große n gilt für die Binomialverteilung $B_p^n$:

$$\mathbf{B_p^n(k_1 \le Z \le k_2) = \sum_{k=k_1}^{k_2} B_p^n(Z=k) = \int_{z_1}^{z_2} \varphi(t)dt}$$

mit $z_1 = \frac{k_1 - \mu - 0{,}5}{\sigma}$ und $z_2 = \frac{k_2 - \mu + 0{,}5}{\sigma}$

- Das Integral in der globalen Näherungsformel von Moivre-Laplace kann durch die **Gauß'sche Summenfunktion Φ** ausgedrückt werden. Für diese gilt:

  $$\Phi(x) = \int_{-\infty}^{x} \varphi(t)dt = \frac{1}{\sqrt{2\pi}} \int_{-\infty}^{x} e^{-\frac{1}{2}t^2}dt$$

  Die Werte der Funktion Φ sind tabelliert und unter „Standardnormalverteilung“ zu finden.

Für die Funktion Φ gilt: Φ(x) stellt die Maßzahl der Fläche dar, die die Funktion φ von $-\infty$ bis zum Wert x mit der x-Achse einschließt. Es gilt: $\lim\limits_{x \to \infty} \Phi(x) = 1,\ \Phi(-x) = 1 - \Phi(x)$

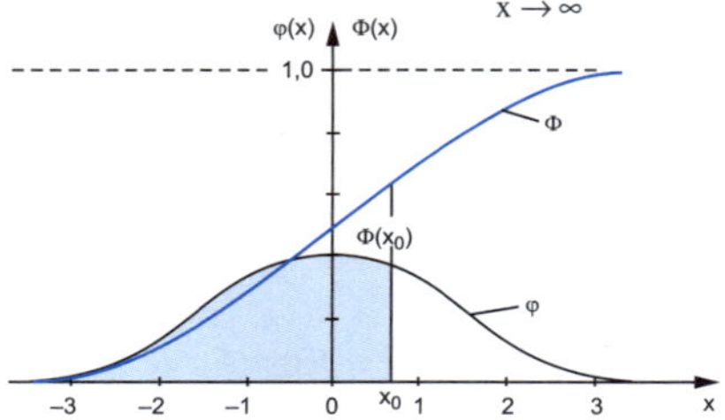


- Die **Stetigkeitskorrektur** mit ±0,5 kann man aus der folgenden Skizze sehen. Dort gilt:

  $B_p^n(Z \le k) \approx \Phi\left(\frac{k - \mu + 0{,}5}{\sigma}\right)$

  weil das gesamte Rechteck des Histogramms in die Berechnung eingehen muss.

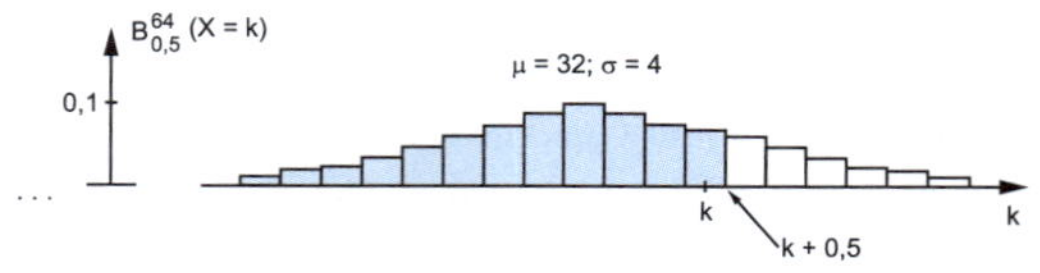


- Als **Näherungen** für die **Binomialverteilung** erhält man:

$$B_p^n(k_1 < Z \le k_2) = \Phi\left(\frac{k_2-\mu+0{,}5}{\sigma}\right) - \Phi\left(\frac{k_1-\mu+0{,}5}{\sigma}\right)$$

$$B_p^n(k_1 \le Z \le k_2) = \Phi\left(\frac{k_2-\mu+0{,}5}{\sigma}\right) - \Phi\left(\frac{k_1-\mu-0{,}5}{\sigma}\right)$$

$$B_p^n(k_1 \le Z < k_2) = \Phi\left(\frac{k_2-\mu-0{,}5}{\sigma}\right) - \Phi\left(\frac{k_1-\mu-0{,}5}{\sigma}\right)$$

$$B_p^n(k_1 < Z < k_2) = \Phi\left(\frac{k_2-\mu-0{,}5}{\sigma}\right) - \Phi\left(\frac{k_1-\mu+0{,}5}{\sigma}\right)$$

$$B_p^n(Z \ge k) = 1 - B_p^n(Z < k) = 1 - \Phi\left(\frac{k-\mu-0{,}5}{\sigma}\right)$$

Beachte: $B_p^n(Z \le k) = \Phi\left(\frac{k-\mu+0{,}5}{\sigma}\right) \underbrace{\left[-\Phi\left(\frac{0-\mu-0{,}5}{\sigma}\right)\right]}_{\text{vernachlässigbar klein!}}$

Beispiel

1. Gib einen Näherungswert für $B_{0,35}^{400}(130 \leq Z \leq 162)$ an.

   Lösung:

   $\mu = n \cdot p = 400 \cdot 0{,}35 = 140;$

   $\sigma = \sqrt{n \cdot p \cdot (1-p)} = \sqrt{400 \cdot 0{,}35 \cdot 0{,}65} = 9{,}54$

   $$B_{0,35}^{400}(130 \leq Z \leq 162) = \Phi\left(\frac{162-140+0{,}5}{9{,}54}\right) - \Phi\left(\frac{130-140+0{,}5}{9{,}54}\right) =$$

   $$= \Phi(2{,}36) - \Phi(-1{,}10) = \Phi(2{,}36) - 1 + \Phi(1{,}10)$$

   $$= 0{,}99086 - 1 + 0{,}86433 = 0{,}85519 = 85{,}52\ \%\ \text{(Tabelle)}$$

2. Ein Saatgut enthält 3 % Körner einer anderen Sorte. Mit welcher Wahrscheinlichkeit findet man in einem Päckchen mit 1000 Samenkörnen
   a) mindestens 35,
   b) mehr als 24, aber weniger als 38
   
   Samenkörner einer anderen Sorte?

   Lösung:

   $\mu = n \cdot p = 1\,000 \cdot 0{,}03 = 30;$

   $\sigma = \sqrt{n \cdot p \cdot (1-p)} = \sqrt{1\,000 \cdot 0{,}03 \cdot 0{,}97} = 5{,}39$

   a) $B_{0,03}^{1\,000}(Z \geq 35) = 1 - B_{0,03}^{1\,000}(Z \leq 34) \approx 1 - \Phi\left(\frac{34-30+0{,}5}{5{,}39}\right) =$

   $= 1 - \Phi(0{,}83) = 1 - 0{,}79673 = 0{,}20327 = 20{,}33\ \%$

   b) $B_{0,03}^{1\,000}(24 < Z < 38) =$

   $= \Phi\left(\frac{38-30-0{,}5}{5{,}39}\right) - \Phi\left(\frac{24-30+0{,}5}{5{,}39}\right) =$

   $= \Phi(1{,}39) - \Phi(-1{,}02) = \Phi(1{,}39) - 1 + \Phi(1{,}02) =$

   $= 0{,}91774 - 1 + 0{,}84614 = 0{,}76388 = 76{,}39\ \%$

# 3 Normalverteilung

Bei der Erhebung von Daten, bei statistischen Untersuchungen in der Natur, bei Auswertungen von Experimenten etc. stellt man überraschend oft die Glockenform für die Verteilung fest. Diese Verteilung zeigt sich als **die** zentrale Verteilung der Stochastik.

Die Funktion $\varphi_{\mu;\sigma}$ hat die Gleichung $\varphi_{\mu;\sigma}(x) = \frac{1}{\sqrt{2\pi}\cdot\sigma} e^{-0{,}5\frac{(x-\mu)^2}{\sigma^2}}$.

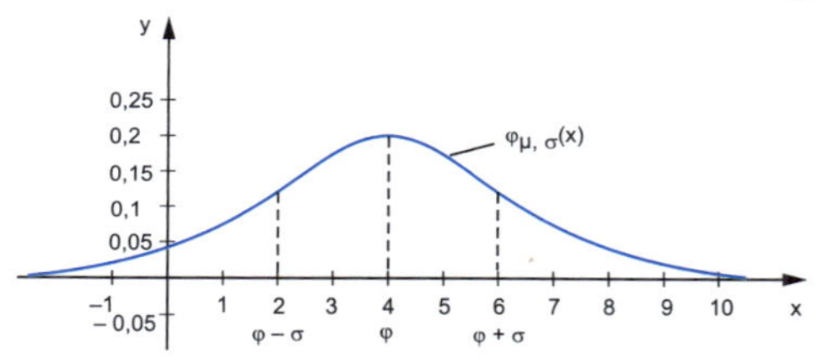


Im Beispiel ist die Funktion mit $\mu = 4$ und $\sigma = 2$, d. h. $\varphi_{4;2}$ gezeichnet.

Transformiert man diese Kurven durch $x \mapsto \frac{x-\mu}{\sigma}$ und

$y \mapsto \sigma \cdot \varphi_{\mu;\sigma}(x) = \varphi\left(\frac{x-\mu}{\sigma}\right)$, so erhält man wieder die

Gauß'sche φ-Funktion ($\mu = 0$; $\sigma = 1$) bzw. die Gauß'sche Summenfunktion Φ.

Man definiert:

**Normalverteilung**

Die Zufallsgröße X heißt normalverteilt mit den Parametern μ und σ, wenn für alle $x \in \mathbb{R}$ gilt:

Dichtefunktion f: $\mathbf{f(x)} = \frac{1}{\sqrt{2\pi}\cdot\sigma} e^{-\frac{(x-\mu)^2}{2\sigma^2}} = \frac{1}{\sigma}\cdot\varphi\left(\frac{x-\mu}{\sigma}\right)$

Verteilungsfunktion F: $\mathbf{F(x)} = \frac{1}{\sqrt{2\pi}\cdot\sigma}\int_{-\infty}^{x} e^{-\frac{(t-\mu)^2}{2\sigma^2}}\,dt = \Phi\left(\frac{x-\mu}{\sigma}\right)$

- Die Funktionen φ und Φ heißen Dichte- bzw. Verteilungsfunktion der **Standardnormalverteilung**. Sie sind beide tabelliert.
- Für eine normalverteilte Zufallsgröße X gilt: **E(X) = μ, σ(X) = σ.**
- Der Graph der Dichtefunktion f wird in y-Richtung gestreckt oder gestaucht, falls sich σ ändert. Je kleiner die Standardabweichung σ ist, um so stärker konzentrieren sich die Werte um den Erwartungswert μ. An den folgenden Graphen kann man auch die Veränderungen im Verlauf der Verteilungsfunktion F erkennen.

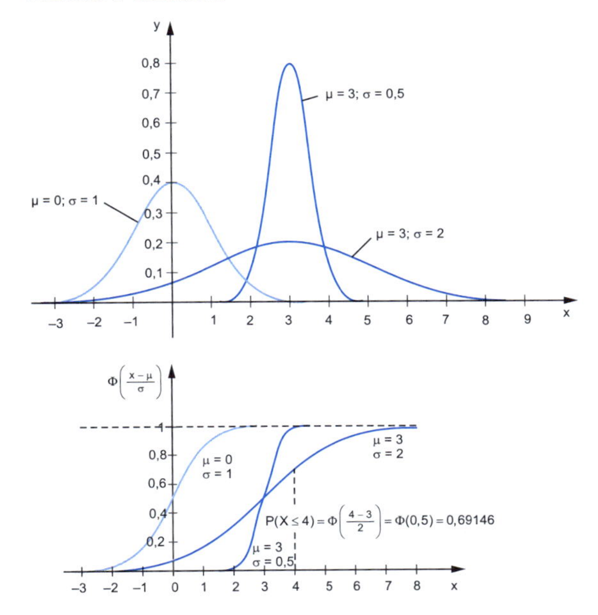


- Jede normalverteilte Zufallsgröße X kann alle Werte $x \in \mathbb{R}$ annehmen. X ist eine **stetige Zufallsgröße** in Unterscheidung zu den bisher betrachteten diskreten Zufallsgrößen Z.

- Aus der Definition der Normalverteilung folgt, dass man Wahrscheinlichkeiten in der Form $P(X \leq x)$ berechnen kann. Es gilt:

  $$\mathbf{P(X \leq x) = \Phi\left(\frac{x-\mu}{\sigma}\right)}$$

  Aus

  $$P(x_1 \leq X \leq x_2) = P(x_1 < X \leq x_2) = P(x_1 \leq X \leq x_2) =$$
  $$= P(x_1 < X < x_2) = \Phi\left(\frac{x_2-\mu}{\sigma}\right) - \Phi\left(\frac{x_1-\mu}{\sigma}\right)$$

  folgt

  $$P(X = x) = P(x \leq X \leq x) = \Phi\left(\frac{x-\mu}{\sigma}\right) - \Phi\left(\frac{x_1-\mu}{\sigma}\right) = 0,$$

  obwohl $X = x$ nicht das unmögliche Ereignis ist.
- Bei **normalverteilten Zufallsgrößen** interessieren besonders Abweichungen $k \cdot \sigma$ vom Erwartungswert $\mu$. Zu diesen Wahrscheinlichkeitswerten sind zum Vergleich die entsprechenden der Tschebyschow-Abschätzung angegeben.

  | Normalverteilung | Tschebyschow-Abschätzung |
  |---|---|
  | $P(\lvert X-\mu \rvert < \sigma) = 68{,}27\ \%$ | $P(\lvert X-\mu \rvert < \sigma) \geq 0$ |
  | $P(\lvert X-\mu \rvert < 2\sigma) = 95{,}45\ \%$ | $P(\lvert X-\mu \rvert < 2\sigma) = 75\ \%$ |
  | $P(\lvert X-\mu \rvert < 3\sigma) = 99{,}73\ \%$ | $P(\lvert X-\mu \rvert < 3\sigma) = 88{,}89\ \%$ |

  Der Vergleich der Wahrscheinlichkeitswerte bei der Normalverteilung mit denen der Tschebyschow-Abschätzung zeigt die Ungenauigkeit dieser Abschätzung. Aus der Wahrscheinlichkeit $P(\lvert X-\mu \rvert < 3 \cdot \sigma) = 99{,}73\ \%$ liest man ab:

**3σ-Regel**
Bei einer normalverteilten Zufallsgröße ist es praktisch sicher, dass nur Werte aus dem 3σ-Intervall um den Erwartungswert $\mu$ auftreten.

Sucht man die wichtigen Schwellenwerte bei 95 %, 99 % und 99,9 % in Abhängigkeit von $\sigma$ (tabelliert im Tabellenwerk unter „σ-Bereiche der Normalverteilung" d. h. $P(\lvert X-\mu \rvert < t_\gamma \cdot \sigma)$ ist (zweiseitiges) Quantil der Standardnormalverteilung), so findet man:

$$P(\lvert X-\mu \rvert < 1{,}96 \cdot \sigma) = 95\ \%,\quad P(\lvert X-\mu \rvert < 2{,}58 \cdot \sigma) = 99\ \%,$$
$$P(\lvert X-\mu \rvert < 3{,}29 \cdot \sigma) = 99{,}9\ \%$$

Beispiel

1. Die Zufallsgröße X ist normalverteilt mit $\mu = 10$ und $\sigma = 3$.
   Bestimme die Wahrscheinlichkeiten
   a) $P(X \geq 12)$,
   b) $P(X < 11)$,
   c) $P(|X - 10| < 4)$,
   d) $P(|X - 10| < \varepsilon) \geq 0{,}90$.

   Lösung:

   a) $P(X \geq 12) = 1 - P(X < 12) = 1 - \Phi\left(\frac{12-10}{3}\right) =$
      $= 1 - \Phi(0{,}67) = 1 - 0{,}74867 = 0{,}25143 = 25{,}14\,\%$

   b) $P(X < 11) = \Phi\left(\frac{11-10}{3}\right) = \Phi(0{,}33) = 0{,}62930 = 62{,}93\,\%$

   c) $P(|X - 10| < 4) = P(6 < X < 14) =$
      $= \Phi\left(\frac{14-10}{3}\right) - \Phi\left(\frac{6-10}{3}\right) = \Phi(1{,}33) - \Phi(-1{,}33) =$
      $= \Phi(1{,}33) - 1 + \Phi(1{,}33) = 2 \cdot \Phi(1{,}33) - 1 =$
      $= 2 \cdot 0{,}90824 - 1 = 0{,}81648 = 81{,}65\,\%$

   d) $P(|X - 10| < \varepsilon) \geq 0{,}90$
      Aus der Tabelle der σ-Bereiche folgt für $t_{0,90} = 1{,}6449$
      $\varepsilon = 1{,}6449 \cdot \sigma = 1{,}6449 \cdot 3 = 4{,}9347$
      oder: mit dem Ergebnis der Teilaufgabe c
      $P(|X - 10| < \varepsilon) = P(10 - \varepsilon < X < 10 + \varepsilon) =$
      $= 2 \cdot \Phi\left(\frac{10 + \varepsilon - 10}{3}\right) - 1 = 2 \cdot \Phi\left(\frac{\varepsilon}{3}\right) - 1 < 0{,}90$
      $\Rightarrow \quad \Phi\left(\frac{\varepsilon}{3}\right) > 0{,}95$

      Die Quantile $t'_\gamma$ der Normalverteilung sind tabelliert.
      Es gilt: $t_{0,95} = 1{,}6449$
      $\frac{\varepsilon}{3} = 1{,}6449 \quad \Rightarrow \quad \varepsilon = 4{,}9347$

2. Bei der Herstellung von Formteilen ist deren Gewicht X normalverteilt mit $\mu = 20$ g bei einer Standardabweichung $\sigma = 0{,}1$ g.
   Mit welcher Wahrscheinlichkeit ist ein Formteil
   a) schwerer als 20,02 g,
   b) höchstens 19,8 g schwer?

   Lösung:

   a) $P(X > 20{,}02) = 1 - P(X \le 20{,}02) = 1 - \Phi\left(\frac{20{,}02-20}{0{,}1}\right) =$

   $= 1 - \Phi\,(0{,}2) = 1 - 0{,}57926 = 0{,}42074 = 42{,}07\ \%$

   b) $P(X \le 19{,}8) = \Phi\left(\frac{19{,}8-20}{0{,}1}\right) = \Phi(-2) = 1 - \Phi(2) =$

   $= 1 - 0{,}97725 = 0{,}02275 = 2{,}28\ \%$

# 4 Zentraler Grenzwertsatz

Die Näherung der Binomialverteilung durch die Normalverteilung ist ein Spezialfall eines allgemeinen Satzes für Zufallsgrößen, die sich als Summe von Zufallsgrößen darstellen lassen, unabhängig davon, welche Verteilung diese besitzen. Es gilt:

**Zentraler Grenzwertsatz**

$X_1, X_2, ..., X_n$ sei eine Folge von unabhängigen und gleich verteilten Zufallsgrößen.

Für die Zufallsgröße $X = \sum_{i=1}^{n} X_i = X_1 + X_2 + ... + X_n$ mit dem Erwartungswert $E(X) = \mu$ und der Standardabweichung $\sigma(X) = \sigma$ gilt dann:

$$P(X \leq x) \approx \Phi\left(\frac{x-\mu}{\sigma}\right)$$

Anmerkungen:

- Der Satz wurde 1901 von Ljapunow (1857–1918) bewiesen. Er gilt auch (unter schwachen, fast immer leicht zu erfüllenden Bedingungen) dann, wenn die Zufallsgrößen $X_i$ nicht gleich verteilt sind bzw. wenn abzählbar viele solcher Zufallsgrößen additiv zusammengesetzt werden.
- Die globale Näherungsformel von Moivre-Laplace ist ein Spezialfall des zentralen Grenzwertsatzes.
- Der zentrale Grenzwertsatz liefert die Begründung dafür, dass viele in der stochastischen Praxis auftretenden Verteilungen Glockenform besitzen, z. B. wirken in der Natur sehr viele, unabhängige Einflüsse additiv zusammen und ergeben somit normalverteilte Zufallsgrößen.

**Beispiel** Bei der Durchsicht der Rechnungen einer Pkw-Reparaturwerkstatt stellt man fest, dass der durchschnittliche Rechungsbetrag bei 1 200 € liegt bei einer Standardabweichung von 500 €. Wie groß ist die Wahrscheinlichkeit, dass der durchschnittliche Rechnungsbetrag der 225 Rechnungen des nächsten Monats höchstens um 50 € höher ist als der erwartete Wert?

Lösung:

$\overline{X}$ gebe den durchschnittlichen Rechnungsbetrag für den nächsten Monat an. $\overline{X}$ ist nach dem zentralen Grenzwertsatz normalverteilt mit $\mu = 1\,200$ € und $\overline{\sigma} = \frac{\sigma}{\sqrt{225}} = \frac{500}{15}$ €.

Gesucht ist die Wahrscheinlichkeit

$$P(X \leq 1\,250) = \Phi\left(\frac{1\,250 - 1\,200}{\frac{500}{15}}\right) = \Phi(1{,}5) = 0{,}93319 = 93{,}32\ \%$$

# Einführung in die Statistik

## 1 Grundbegriffe und Schätzprobleme

Die grundlegenden Begriffe in der mathematischen Statistik sind Grundgesamtheit und Stichprobe. Diese sind wie folgt festgelegt:

**Grundgesamtheit und Stichprobe**
Eine Grundgesamtheit ist die Menge aller Ereignisse (Individuen, Objekte, Sachverhalte etc.) die als Realisierung einer Zufallsgröße X möglich sind.

**Stichprobe**
Das n-Tupel $(X_1, X_2, \ldots, X_n)$ heißt Stichprobe der Länge n aus der Zufallsgröße X, wenn alle $X_i$ stochastisch unabhängig sind und die gleiche Wahrscheinlichkeitsverteilung wie X besitzen.

Anmerkungen:
- Eine Stichprobe ist repräsentativ, wenn sie ein Abbild der Grundgesamtheit ist.
- Die Genauigkeit einer Stichprobe hängt nur von ihrer Länge ab, d. h. genügend lange Stichproben sind repräsentativ.

In der **Wahrscheinlichkeitsrechnung** sind die stochastischen Eigenschaften der Grundgesamtheit bekannt, sodass Wahrscheinlichkeiten von Stichprobenresultaten (Ereignissen) berechnet werden können. In der **beurteilenden Statistik** zieht man aus der Grundgesamtheit eine Stichprobe und schließt aus deren Eigenschaften auf die Grundgesamtheit. Man spricht vom **Schätzen**, wenn aus der Stichprobe auf unbekannte Parameter der zugrunde liegenden Wahrscheinlichkeitsverteilung bzw. auf ein Sicherheitsintervall für diesen Parameter geschlossen wird. Man spricht vom **Testen**, wenn aus der Stichprobe geschlossen wird, ob gewisse Vermutungen (Hypothesen) über unbekannte Parameter der Wahrscheinlichkeitsverteilung mit einer vorgegebenen Irrtumswahrscheinlichkeit abgelehnt werden müssen oder nicht. Eine viel verwendete Methode zur Bestimmung von Schätzwerten ist die **Maximum-Likelihood-Methode**. Man wählt dabei denjenigen Parameterwert als Schätzwert, der das Stichprobenergebnis am wahrscheinlichsten erscheinen lässt (mutmaßlichste Schätzung). Für die am häufigsten auftretenden Schätzungen erhält man:

**Maximum-Likelihood-Schätzungen**

- Schätzung der unbekannten Wahrscheinlichkeit p einer Binomialverteilung durch die relative Häufigkeit $H_n$, d. h. $\mathbf{p \approx h_n}$.
- Schätzung des unbekannten Parameters $\mu$ einer Normalverteilung durch das arithmethische Mittel $\overline{X}$, d. h. $\mu \approx \overline{x}$.
- Schätzung der Varianz $\sigma^2$ einer Normalverteilung durch die Stichprobenvarianz $S^2$, d. h. $\sigma^2 \approx s^2 = \frac{1}{n-1} \sum_{i=1}^{n} (x_i - \overline{x})^2$

Maximum-Likelihood-Schätzungen sind **erwartungstreu**, d. h. sie haben höchstens eine zufällige, jedoch keine systematische Abweichung von den geschätzten Maßzahlen der Grundgesamtheit. Wenn man einen Parameter einer unbekannten Grundgesamtheit schätzt, weiß man nicht, wie weit er vom wirklichen Wert abweicht. Um sich eine Vorstellung über Genauigkeit und Sicherheit der Schätzung des Parameters zu verschaffen, bestimmt man durch eine Intervallschätzung ein **Konfidenz- oder Vertrauensintervall** für den Parameter.

Bei der Verwendung der relativen Häufigkeit bzw. des arithmetischen Mittels $\overline{X}$ als Schätzwert gilt, dass $\overline{X}$ nach dem zentralen Grenzwertsatz normalverteilt ist mit $E(\overline{X}) = E(X) = \mu$ und

$\sigma(\overline{X}) = \frac{\sigma(X)}{\sqrt{n}} = \frac{s}{\sqrt{n}}$.

Damit erhält man:

**Konfidenzintervall für Parameter p**

Konfidenzintervall I für den Parameter p einer Binomialverteilung zur Sicherheit $\gamma$:

$$\mathbf{I = [p - a; p + a] \text{ mit } p = h_n \text{ und } a = t_\gamma \cdot \frac{\sigma}{\sqrt{n}} \text{ bzw. } a = t_\gamma \cdot \frac{s}{\sqrt{n}}},$$

wobei $t_\gamma$ das (zweiseitige) $\gamma$-Quantil der Standardnormalverteilung ist.

**Beispiel**

1. Schätze den Ausschussanteil einer größeren Lieferung von Formteilen aus einer Stichprobe der Länge 100, die zehn unbrauchbare enthält, und gib für den Schätzwert ein Konfidenzintervall mit der Sicherheitswahrscheinlichkeit $\gamma = 90\ \%$ an.

   Lösung:

   Schätzwert für p: $p \approx h_n = \frac{10}{100} = 0,1;$

   $$\sigma = \sqrt{\frac{p(1-p)}{n}} = \sqrt{\frac{0,1 \cdot 0,9}{100}} = 0,03;$$

   $$t_{0,9} = 1,6449$$

   $$a = t_{0,9} \cdot \sigma = 1,6449 \cdot 0,03 = 0,049$$

   $$\Rightarrow \quad I = [0,1 - 0,049; 0,1 + 0,049] = [0,051; 0,149]$$

2. Um den Bekanntheitsgrad p eines Politikers zu bestimmen, werden n Personen befragt.
   Wie groß muss n mindestens sein, wenn das Konfidenzintervall zur Sicherheitswahrscheinlichkeit $\gamma = 99\ \%$ eine Länge von 5 Prozentpunkten haben soll?

   Lösung:

   $$P(|H_n - p| < a) \geq 0,99 \quad \wedge \quad a = 0,025$$

   $$\Rightarrow \quad 0,025 \geq t_{0,99} \cdot \sigma = t_{0,99} \cdot \sqrt{\frac{p(1-p)}{n}} = 2,5758 \cdot \sqrt{\frac{1}{4n}}$$

   $$0,025 \geq 2,5758 \cdot \frac{1}{2\sqrt{n}} \quad \Rightarrow \quad n \geq 2\,653,9 \quad \Rightarrow \quad n \geq 2\,654$$

   Es müssen mindestens 2 654 Personen befragt werden.

**Konfidenzintervall für Parameter $\mu$**

Konfidenzintervall I für den Parameter $\mu$ einer Normalverteilung zur Sicherheit $\gamma$:

$\mathbf{I = [\mu - a; \mu + a]}$ **mit** $\mu = \overline{x}$ **und** $a = t_\gamma \cdot \frac{\sigma}{\sqrt{n}}$ **bzw.**
$a = t_\gamma \cdot \frac{s}{\sqrt{n}}$,

wobei $t_\gamma$ das (zweiseitige) $\gamma$-Quantil der Standardnormalverteilung ist.

**Beispiel** Bei der Abgassonderuntersuchung von 50 Kraftfahrzeugen wurde für den CO-Gehalt in % ein Mittelwert $\overline{x} = 2{,}85$ bei einer Stichprobenvarianz $s^2 = 0{,}36$ gemessen.
Bestimme ein Konfidenzintervall für den durchschnittlichen Wert $\mu$ des CO-Gehalts mit einer Sicherheitswahrscheinlichkeit $\gamma = 99\ \%$.

Lösung:

Schätzwert für $\mu$: $\mu \approx \overline{x}$; $a = t_{0{,}99} \cdot \frac{s}{\sqrt{n}} = 2{,}5758 \cdot \frac{0{,}6}{\sqrt{50}} = 0{,}22$

$$\Rightarrow I = [2{,}85 - 0{,}22;\ 2{,}85 + 0{,}22] = [2{,}63;\ 3{,}07]$$

Anmerkungen:

- Das Konfidenzintervall wird immer breiter, d. h. die Genauigkeit der Schätzung immer geringer, je größer die Sicherheitswahrscheinlichkeit $\gamma$ ist und umgekehrt.
- Ein Konfidenzintervall für die Varianz $\sigma^2$ einer Normalverteilung kann nur mithilfe der $\chi^2$-Verteilung (siehe Seite 122 f.) bestimmt werden.

# 2 Testen von Hypothesen

## 2.1 Alternativtest

Hat man bereits eine Vermutung über einen Parameter der Grundgesamtheit, dann wird man das Stichprobenergebnis dazu verwenden, eine Entscheidung über die aufgestellte Hypothese zu treffen, d. h. man testet, ob die Hypothese mit dem Stichprobenergebnis verträglich ist oder nicht. Es gilt:

**Test**
Ein statistischer Test ist ein Verfahren, um zu entscheiden, ob die von einer Stichprobe gelieferten Daten einer Hypothese über die unbekannte Grundgesamtheit widersprechen.

**Alternativtest**
Fällt bei einem Testverfahren die Entscheidung zwischen zwei Hypothesen, so heißt der Test auch Alternativtest.

Beim Alternativtest stehen zwei Hypothesen zur Verfügung. Eine von beiden wird als **1. Hypothese $H_1$ (Arbeitshypothese)** festgelegt. Die andere ist die **Alternativhypothese $H_2$**. Nach Festlegen des Stichprobenverfahrens mit einer Stichprobe der Länge n entscheidet man, in welchem Bereich A **(Annahmebereich A)** $H_1$ angenommen bzw. in welchem Bereich $\overline{A}$ **(Ablehnungsbereich $\overline{A}$ )** $H_1$ abgelehnt (und damit $H_2$ angenommen) wird.
Das Entscheidungsverfahren kann dem folgenden Ablaufdiagramm für eine binomialverteilte Zufallsgröße entnommen werden. Getestet wird die Hypothese $H_1$: $p = p_1$ gegen die Alternative $H_2$: $p = p_2$.

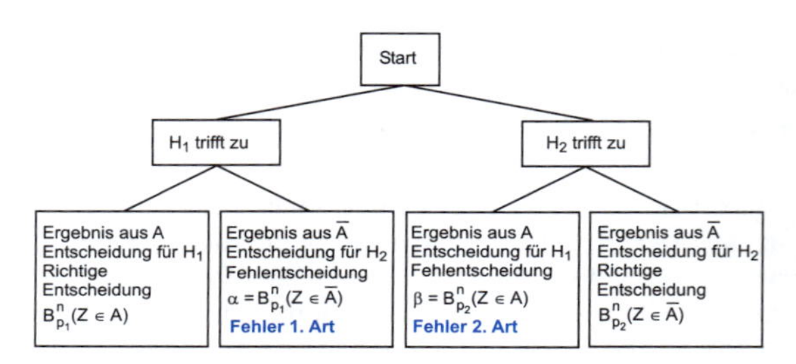


- Hypothesen der Form H: $p = p_0$ heißen **einfache**, andere Hypothesen z. B. der Form H: $p \leq p_0$, **zusammengesetzte** Hypothesen. Bei zusammengesetzten Hypothesen testet man immer den „schlechtest möglichen Fall", d. h. über die Randwahrscheinlichkeit.
- Sehr häufig interessiert man sich für die Fehlentscheidungen:
  **Fehler 1. Art:** $H_1$ wird fälschlicherweise abgelehnt ($\alpha$-Fehler).
  **Fehler 2. Art:** $H_2$ wird fälschlicherweise abgelehnt ($\beta$-Fehler).
- Häufig spricht man beim Alternativtest auch von einem Fehler 3. Art, der aber nicht quantifiziert werden kann. Der **Fehler 3. Art** tritt auf, wenn man sich beim Alternativtest aufgrund des Stichprobenergebnisses für $H_1$ oder $H_2$ entscheidet, aber keine von beiden Hypothesen zutreffend ist.
- Die Wahrscheinlichkeit $1 - \beta$ heißt **Trennschärfe** eines Tests, wobei $\beta$ die Wahrscheinlichkeit für einen Fehler 2. Art ist. Sie ist ein Maß dafür, wie gut man 1. Hypothese und Alternative bei der angegebenen Entscheidungsregel trennen kann.

**Beispiel**

Es wird behauptet, dass mindestens 40 % der Rinder eines Landes an der Krankheit K erkrankt sind. Bei einem Test werden 100 Rinder untersucht. Die Behauptung soll abgelehnt werden, wenn höchstens 30 an K erkrankt sind.

a) Wie groß ist die Wahrscheinlichkeit, dass die Behauptung fälschlicherweise abgelehnt wird?

b) Mit welcher Wahrscheinlichkeit wird die Behauptung fälschlicherweise angenommen, obwohl nur 25 % aller Rinder an K erkrankt sind?

Lösung:

a) $H_1:\ p_1 \geq 0,4;\ n = 100;\ \overline{A} = \{0, 1, ..., 30\};$
$Z:$ Anzahl der Erkrankten

$H_1$ wird fälschlicherweise abgelehnt, wenn sich ein Ergebnis aus dem Ablehnungsbereich $\overline{A}$ einstellt, obwohl $H_1$ zutrifft. Dies geschieht mit der Wahrscheinlichkeit

$$\alpha = B_{0,4}^{100}(Z \leq 30) = 0,024780 = 2,48\ \%\ \text{(Tabelle)}$$

b) $H_2:\ p_2 = 0,25$

$H_1$ wird fälschlicherweise angenommen ($H_2$ wird fälschlicherweise abgelehnt), wenn sich ein Ergebnis aus dem Annahmebereich $A = \{31, 32, \ldots, 100\}$ einstellt, obwohl $H_2$ zutrifft. Dies geschieht mit der Wahrscheinlichkeit

$$\beta = B_{0,25}^{100}(Z \geq 31) = 1 - B_{0,25}^{100}(Z \leq 30) = 1 - 0,89621 = $$
$$= 0,10379 = 10,38\ \%\ \text{(Tabelle)}$$

Zeichnet man zu den Binomialverteilungen $B_{0,25}^{100}$ und $B_{0,40}^{100}$ Histogramme, so kann man die Wahrscheinlichkeiten der Fehlentscheidungen dort sichtbar machen.

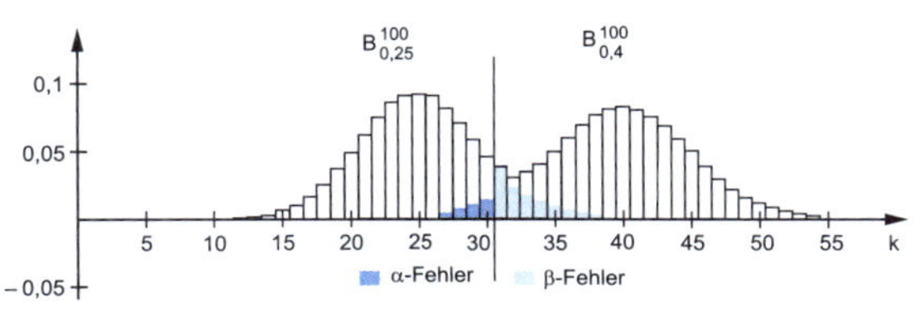

## 2.2 Signifikanztest

Da es beim Testen selten vorkommt, dass man sich zwischen zwei Hypothesen entscheiden muss, betrachten wir einen Test, bei dem eine Entscheidung über eine Hypothese $H_0$ (Nullhypothese) getroffen wird.

> **Signifikanztest**
> Ein Entscheidungsverfahren, bei dem festgestellt wird, ob eine Hypothese $H_0$ verworfen wird oder nicht, heißt **Signifikanztest**. Das Risiko $\alpha$ bei dieser Entscheidung heißt **Signifikanzniveau**.

Anmerkungen:

- Da man nur feststellt, ob eine Nullhypothese abgelehnt wird oder nicht, interessiert im Allgemeinen nicht, welche andere Hypothese eventuell wahr ist.
- Ein Versuchsergebnis, das zur Ablehnung der Nullhypothese $H_0$ führt, d. h. in bedeutsamer (signifikanter) Weise der Nullhypothese widerspricht, heißt **signifikant auf dem Niveau $\alpha$**.

Ein Test heißt **einseitig**, wenn der Ablehnungsbereich $\overline{A}$ (und der Annahmebereich A) ein Intervall ist. Bei einem einseitigen Test (in einer binomialverteilten Grundgesamtheit) gilt:
$H_0$: $p \le p_0 (p < p_0)$ wird abgelehnt, wenn die Prüfgröße Z mit der Wertemenge $\{0, \ldots, n\}$ sehr große Werte annimmt, d. h. $\overline{A} = \{k, ..., n\}$ gilt.

$H_0$: $p \ge p_0 (p > p_0)$ wird abgelehnt, wenn die Prüfgröße Z mit der Wertemenge $\{0, \ldots, n\}$ sehr kleine Werte annimmt, d. h. $\overline{A} = \{0, ..., k\}$ gilt.

Ein Test heißt **zweiseitig**, wenn der Ablehnungsbereich $\overline{A}$ (durch den Annahmebereich A) in zwei Intervalle zerfällt. Bei einem zweiseitigen Test, d. h. wenn $\overline{A} = \{0, ..., k_1\} \cup \{k_2, ..., n\}$ wird die Fehlerwahrscheinlichkeit $\alpha$ gleichmäßig auf beide Bereiche von $\overline{A}$ verteilt. Ein zweiseitiger Test liegt immer dann vor, wenn die Vermutung keine „Richtung" besitzt, d. h. weder große oder kleine Werte aus $\{0, \ldots, n\}$ bevorzugt werden. $H_0$ besitzt dann die Form $H_0$: $p = p_0 (p \neq p_0)$ bzw. $H_0$: $p_1 < p_0 < p_2$.

Der **klassische Ansatz des Signifikanztests** nach Neyman (1894–1981) und Pearson (1895–1980) ähnelt in seiner Ausführung dem indirekten Beweis: Um eine Hypothese nicht zu verwerfen, untersucht man, ob die gegenteilige Annahme (= nicht gewünschte Hypothese = Nullhypothese $H_0$) mit dem Stichprobenergebnis unverträglich ist. Man untersucht also, ob das Versuchsergebnis unter der Annahme der Nullhypothese $H_0$ nur mit einer sehr geringen Wahrscheinlichkeit eintritt. Als Nullhypothese $H_0$ wählt man immer die Hypothese, die man verwerfen möchte. Neyman und Pearson gaben die Stichprobenlänge n sowie die Wahrscheinlichkeit eines Fehlers 1. Art ($\alpha$-Fehler, Signifikanzniveau, meistens 5 % oder 1 %) vor und bestimmten mithilfe dieser Größe den kritischen Bereich $\overline{A}$ für die Nullhypothese. Je kleiner man $\alpha$ wählt, umso vorsichtiger ist man bei der Ablehnung von $H_0$. Wenn selbst bei kleinem Wert von $\alpha$ eine Ablehnung von $H_0$ erfolgt, spricht man von hoher Signifikanz.

Ein **Signifikanztest** läuft (fast) immer in den folgenden Schritten ab:

1. Wie lautet die Nullhypothese $H_0$ (häufig die Verneinung der Vermutung)?
2. Wie groß ist der Stichprobenumfang des Tests, und welche Irrtumswahrscheinlichkeit (Signifikanzniveau $\alpha$) ist vorgegeben?
3. Welche Größe Z wird zur Prüfung verwendet, und wie lautet der Ablehnungsbereich $\overline{A}$ (kritischer Bereich)?
4. Wie wird aufgrund des Stichprobenergebnisses entschieden?

**Beispiel**

1. Charterflüge haben öfters Verspätung. Ein Angestellter eines Reisebüros behauptet, dass dies bei mindestens 40 % aller Flüge sei. Er schlägt vor, die nächsten 200 Charterflüge auf Verspätung d. h. die Hypothese $H_0$: $p_0 \geq 0{,}40$ auf dem 5 %-Signifikanzniveau zu überprüfen. Es wurden 75 verspätete Flüge festgestellt.
   Wie wird man entscheiden?

   Lösung:
   $H_0$: $p_0 \geq 0{,}40$; $n = 200$; $\overline{A} = \{0, ..., k\}$; $\alpha = 5$ %; Z: „Anzahl verspäteter Charterflüge"
   Es muss gelten:
   $$\alpha = B_{0,4}^{200}(Z \leq k) \leq 0{,}05$$
   Aus der Tabelle liest man ab: $k_{max} = \underline{68} \Rightarrow \overline{A} = \{0, ..., 68\}$
   Wegen $75 \notin \overline{A}$, kann $H_0$ aufgrund des Stichprobenergebnisses auf dem 5 %-Signifikanzniveau nicht abgelehnt werden.

2. Bei Schafen tritt die Krankheit S auf. Durch einen zweiseitigen Test auf dem Signifikanzniveau 5 % soll die Nullhypothese $H_0$: „10 % der Schafe im Land E haben die Krankheit S" mit einer Stichprobe der Länge $n = 200$ gestestet werden. Bestimme die Entscheidungsregel.

   Lösung:
   Es empfiehlt sich ein zweiseitiger Test, da sich in der Aussage von $H_0$ keine „Richtung" feststellen lässt. Bei einem zweiseitigen Test wird das Signifikanzniveau gleichmäßig auf die beiden Bereiche aufgeteilt.
   $H_0$: $p_0 = 0{,}10$; $n = 200$;
   $\overline{A} = \{0, ..., k_1\} \cup \{k_2, ..., 200\}$; $\alpha = 5$ %;
   Z: „Erkrankte Schafe"
   $$B_{0,1}^{200}(Z \leq k_1) \leq 0{,}025$$
   $$B_{0,1}^{200}(Z \geq k_2) = 1 - B_{0,1}^{200}(Z \leq k_2 - 1) \leq 0{,}025$$
   $$B_{0,1}^{200}(Z \leq k_2 - 1) \geq 0{,}975$$

Aus der Tabelle liest man ab:

$k_1 = 11$ $\qquad\qquad$ $k_2 - 1 = 29 \;\Rightarrow\; k_2 = 30$

$\Rightarrow\; \overline{A} = \{0, ..., 11\} \cup \{30, ..., 200\}$

$H_0$ wird abgelehnt, wenn höchstens 11 oder mindestens 30 Schafe in der Stichprobe an S erkrankt sind.

3. Anwohner beschweren sich, dass auf einer verkehrsberuhigten Straße viele Autofahrer zu schnell fahren. Die Polizei will verstärkt Kontrollen durchführen, wenn der Anteil der „Raser" mehr als 10 % beträgt. Dazu werden an einem Tag 150 Fahrzeuge überprüft.
Bestimme für die Nullhypothese $H_0$: „Keine verstärkten Kontrollen nötig" einen möglichst großen Ablehnungsbereich $\overline{A}$ auf dem Signifikanzniveau 1 %.

Lösung:

$H_0\!: \; p_0 \le 0{,}1$ soll verworfen werden.

Es gilt:

$H_0\!: \; p_0 \le 0{,}1; \overline{A} = \{k+1, ..., 150\}; n = 150; \alpha = 0{,}01;$

Z: „Anzahl der Raser"

Näherung der Binomialverteilung nach Moivre-Laplace mit

$\mu = n \cdot p = 150 \cdot 0{,}1 = 15;$

$\sigma = \sqrt{n \cdot p \cdot (1-p)} = \sqrt{150 \cdot 0{,}1 \cdot 0{,}9} = \sqrt{13{,}5}$

$$B_{0,1}^{150}(Z \ge k+1) = 1 - B_{0,1}^{150}(Z \le k) \approx 1 - \Phi\left(\frac{k - 15 + 0{,}5}{\sqrt{13{,}5}}\right) \le 0{,}01$$

$$\Phi\left(\frac{k - 15 + 0{,}5}{\sqrt{13{,}5}}\right) \ge 0{,}99 \;\Rightarrow\; \frac{k - 15 + 0{,}5}{\sqrt{13{,}5}} \ge 2{,}3262$$

$\Rightarrow\; k \ge 23{,}05 \;\Rightarrow\; k \ge 24 \;\Rightarrow\; \overline{A} = \{25, ..., 150\}$

$H_0$ wird verworfen, d. h. es werden verstärkte Kontrollen durchgeführt, wenn man mindestens 25 „Raser" feststellt.

4. Das Sollgewicht einer Tüte Salzstangen beträgt laut Angabe des Herstellers 200 g. In einem Supermarkt werden 12 Tüten Salzstangen eines Kartons gewogen und ein Durchschnittsgewicht $\overline{x} = 196$ g bei einer empirischen Standardabweichung von $s = 5$ g festgestellt.
   Kann man auf dem Signifikanzniveau 5 % aufgrund dieser Stichprobe die Behauptung des Herstellers zurückweisen?

   Lösung:

   $H_0$: $\mu_0 = 200$ g; $n = 12$; $\overline{A} = [0; x_1] \cup [x_2; \infty[$;
   $s = 5$ g; $\alpha = 0{,}05$;

   $\overline{X}$: „Durchschnittliches Gewicht"

   $P(\overline{X} \in \overline{A}) = 1 - P(\overline{X} \in A) = 1 - P(|\overline{X} - \mu_0| < a) \le 0{,}05$

   $P(|\overline{X} - \mu_0| < a) \ge 0{,}95 \quad \Rightarrow \quad a = t_{0,95} \cdot \sigma(\overline{X}) =$
   $= t_{0,95} \cdot \frac{s}{\sqrt{n}} = 1{,}96 \cdot \frac{5}{\sqrt{12}} = 2{,}83$ g

   Der Mittelwert müsste im Bereich
   $A = ]200 - 2{,}83; 200 + 2{,}83[ = ]197{,}17; 202{,}83[$ liegen $\Rightarrow$
   $\overline{A} = [0; 197{,}17] \cup [202{,}83; \infty[$

   Da $\overline{x} = 196 \in \overline{A}$, muss $H_0$ auf dem 5 %-Signifikanzniveau aufgrund dieser Stichprobe verworfen werden.

## 2.3 Operationscharakteristik und verfälschter Test

Gibt es bei einem Signifikanztest einen Fehler 2. Art? Einen Fehler 2. Art kann man nur bestimmen, wenn eine Alternative bekannt ist. Das sind alle Hypothesen, die von $H_0$ abweichen. Da dies unendlich viele Hypothesen sind, ist die Zuordnung zwischen Alternativhypothese und Wahrscheinlichkeit für den Fehler 2. Art eine Funktion. Für binomialverteilte Zufallsgrößen definiert man beispielsweise:

### Operationscharakteristik

Die Funktion $\beta: p \mapsto B_p^n(Z \in A) \wedge p \neq p_0$, die die Wahrscheinlichkeit für den β-Fehler beschreibt, heißt Operationscharakteristik, ihr Graph OC-Kurve.

**Beispiel**

Eine Schülerin testet das Auftreten der Augenzahl 6 bei einem Würfel durch 200 Würfe. Sie glaubt nur dann, dass ein idealer Würfel vorliegt, wenn die Anzahl der Sechser
a) mindestens 26,
b) mindestens 25 und höchstens 41
beträgt.
Bestimme jeweils die Wahrscheinlichkeit für den Fehler 1. Art und zeichne jeweils die OC-Kurve.

Lösung:
$H_0 = \frac{1}{6}$; n = 200; Z: „Anzahl der Sechser"

a) $\overline{A} = \{0, 1; ..., 25\} \Rightarrow \alpha = B_{\frac{1}{6}}^{200}(Z \leq 25) = 0{,}06476 = 6{,}48\ \%$

$\beta_i = OC(p_i) = B_{p_i}^{200}(Z \geq 26)$

| $p_i$ | 0,05 | 0,10 | 0,15 | 0,20 | 0,25 | 0,30 |
|---|---|---|---|---|---|---|
| $\beta_i$ | $\approx 0$ | 0,10 | 0,81 | 0,99 | 0,999 | $\approx 1$ |

Lücke des Graphen bei $\left(\frac{1}{6} \,\middle|\, 0{,}935\right)$

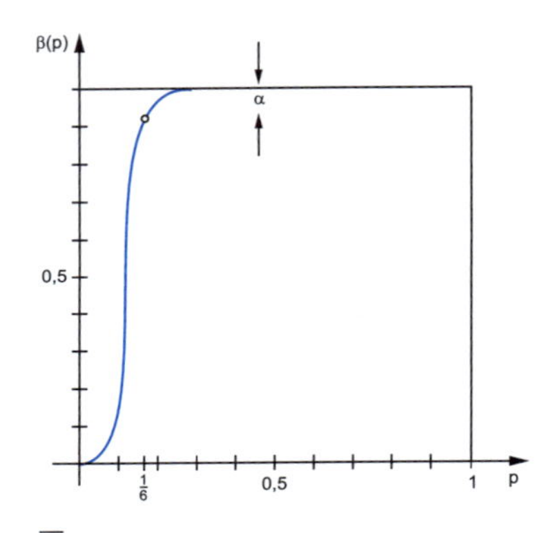


b) $\overline{A} = \{0, 1; ..., 24\} \cup \{42, 43; ..., 200\} \Rightarrow$

$$\alpha = B^{200}_{\frac{1}{6}}(Z \le 24) + B^{200}_{\frac{1}{6}}(Z \ge 42) =$$

$$= B^{200}_{\frac{1}{6}}(Z \le 24) + 1 - B^{200}_{\frac{1}{6}}(Z \le 41) =$$

$$= 0{,}04264 + 1 - 0{,}93623 = 0{,}10641 = 10{,}64\,\%$$

$$\beta_i = OC(p_i) = B^{200}_{p_i}(25 \le Z \le 41)$$

| $p_i$ | 0,05 | 0,10 | 0,15 | 0,20 | 0,25 | 0,30 | 0,35 |
|---|---|---|---|---|---|---|---|
| $\beta_i$ | $\approx 0$ | 0,15 | 0,86 | 0,61 | 0,08 | 0,01 | $\approx 0$ |

Lücke des Graphen bei $\left(\frac{1}{6} \,\middle|\, 0{,}89\right)$

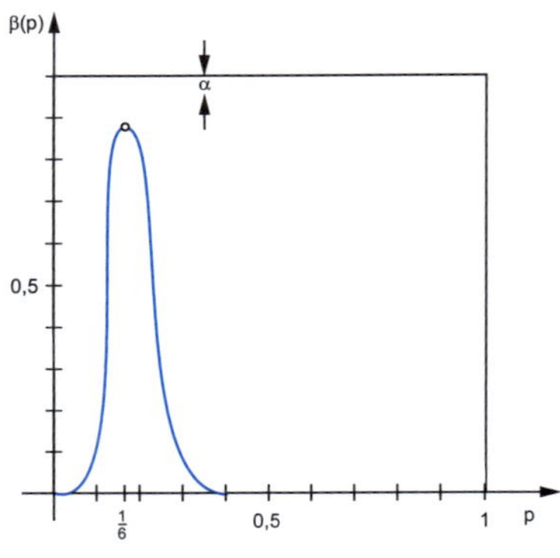

Bei einem zweiseitigen Signifikanztest kann es vorkommen, dass der Extremwert der OC-Kurve nicht an der Stelle $p_0$ der Wahrscheinlichkeit der Nullhypothese liegt. Man definiert:

**Verfälschter Test**
Ein Signifikanztest heißt **verfälscht** oder **verzerrt**, wenn für $p_0(H_0\colon\ p = p_0)$ und für $p_1(H_1\colon\ p = p_1 \neq p_0)$ gilt:
$\alpha(p_0) + \beta(p_1) > 1.$

Man erkennt einen solchen verfälschten oder verzerrten Test daran, dass der Hochpunkt der zugehörigen OC-Kurve nicht über der Nullhypothese liegt, d. h. es gilt:

$OC'(p_0) \neq 0.$

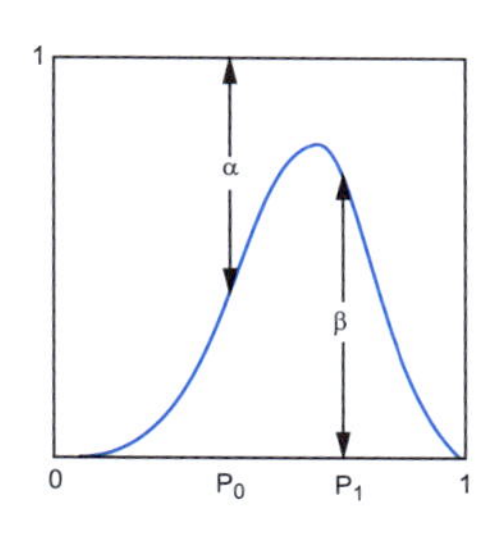


Beispiel

Eine Zufallsgröße Z sei $B_p^{10}$ verteilt.
Zeige, dass für die Nullhypothese $H_0$: $p_0 = \frac{1}{6}$ die Wahl von $A = \{2, 3\}$ bzw. $\overline{A} = \{0, 1, 4, ..., 10\}$ auf einen verfälschten Test führt.
Zeichne dazu die OC-Kurve und bestimme deren Extremwert.

Lösung:

$$OC(p) = B_p^{10}(Z = 2) + B_p^{10}(Z = 3) =$$
$$= \binom{10}{2} \cdot p^2 \cdot (1-p)^8 + \binom{10}{3} p^3 \cdot (1-p)^7 =$$
$$= 45p^2(1-p)^8 + 120p^3(1-p)^7$$

$$OC'(p) = 90p(1-p)^8 - 360p^2(1-p)^7 + 360p^2(1-p)^7$$
$$-840p^3(1-p)^6 =$$
$$= 90p(1-p)^8 - 840p^3(1-p)^6 =$$
$$= 30p(1-p)^6\left[3(1-p)^2 - 28p^2\right]$$

$$OC'(p) = 0: \; p = 0 \vee p = 1 \text{ (Minima)}$$

$$3(1-p)^2 = 28p^2 \quad | \sqrt{2}$$

$$1,73(1-p) = 5,29p$$

$$7,02p = 1,73$$

$$p = 0,246 \neq \tfrac{1}{6} = p_0$$

$$\Rightarrow \text{verfälschter Test}$$

$$\alpha = B^{10}_{\frac{1}{6}}(Z \in \overline{A}) = 0,55424 = 55,42\,\%$$

$$\beta_i OC(p_i) = B^{10}_{p_i}(2 \leq Z \leq 3)$$

| $p_i$ | 0,05 | 0,10 | 0,15 | 0,20 | 0,25 | 0,30 |
|---|---|---|---|---|---|---|
| $\beta_i$ | 0,09 | 0,25 | 0,41 | 0,50 | 0,53 | 0,50 |

| $p_i$ | 0,35 | 0,40 | 0,50 | 0,60 | 0,70 | 0,80 |
|---|---|---|---|---|---|---|
| $\beta_i$ | 0,43 | 0,34 | 0,16 | 0,05 | 0,01 | $\approx 0$ |

Hochpunkt der OC-Kurve bei (0,246; 0,532)

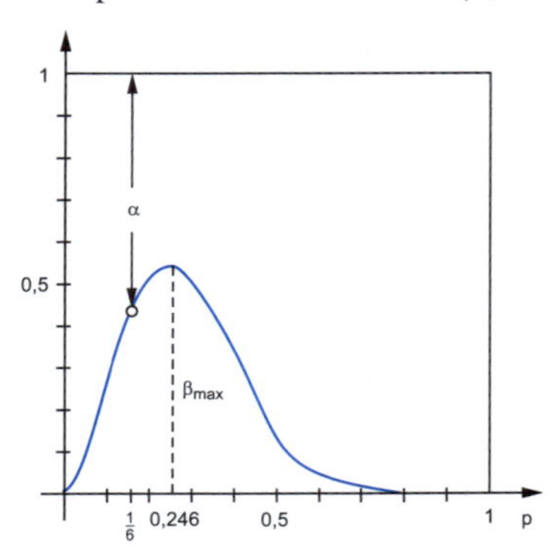

# Anhang

## 1 Weitere Wahrscheinlichkeitsverteilungen

Neben den besonders wichtigen Wahrscheinlichkeitsverteilungen Binomialverteilung, Poisson-Verteilung und Normalverteilung gibt es noch viele andere, die ganz bestimmte stochastische Tatsachen beschreiben. Die wichtigsten werden im Folgenden angegeben.

### 1.1 Geometrische Verteilung

Die geometrische Verteilung ist die Wahrscheinlichkeitsverteilung der Wartezeit auf den ersten Treffer in einer Bernoulli-Kette. Tritt der 1. Treffer im k-ten Versuch auf, dann sind ihm $k-1$ Nichttreffer vorangegangen. Man legt fest:

**Geometrische Verteilung**
Die Zufallsgröße Z, die die Anzahl der Versuche bis zum ersten Treffer angibt, heißt geometrisch verteilt mit dem Parameter p, wenn für ihre Wahrscheinlichkeitsverteilung gilt:
$\mathbf{P(Z = k) = (1 - p)^{k-1} \cdot p, \ k \in \mathbb{N}}$

Anmerkungen:
- Bis zum Eintreten des ersten Treffers können unendlich viele Versuche benötigt werden. Die Summe der Wahrscheinlichkeiten

$$\sum_{k=1}^{\infty} P(Z=k) = \sum_{k=1}^{\infty} (1-p)^{k-1} \cdot p =$$
$$= p \cdot (1 + (1-p) + (1-p)^2 + \ldots)$$
$$= \frac{p}{1-(1-p)} = 1$$

führt auf eine unendliche geometrische Reihe mit dem Wert 1. Von dieser hat auch die Wahrscheinlichkeitsverteilung ihren Namen.

- Für die Maßzahlen findet man:

  $E(Z) = \frac{1}{p}$; $Var(Z) = \frac{1-p}{p^2}$

**Beispiel** Herr Zeiger beobachtet bei weißen Mäusen, wie sie auf ihrem Weg zum Futter den Käfig nacheinander und unabhängig durch bestimmte Öffnungen verlassen. Erfahrungsgemäß wird die Öffnung L von den Mäusen mit einer Wahrscheinlichkeit $p = 10\ \%$ gewählt.

a) Bestimme die Wahrscheinlichkeit, dass die achte Maus als erste durch die Öffnung L läuft.

b) Wie viele Mäuse muss er im Mittel beobachten, bis die erste durch die Öffnung L läuft, und wie wahrscheinlich ist dieses Ergebnis?

Lösung:

a) Gesucht ist die Wahrscheinlichkeit
$P(Z = 8) = 0{,}9^7 \cdot 0{,}1 = 4{,}78\ \%$

b) Der Erwartungswert gibt die mittlere Anzahl an:
$E(Z) = \frac{1}{p} = \frac{1}{0{,}1} = 10$
Für dieses Ereignis gilt:
$P(Z = 10) = 0{,}9^9 \cdot 0{,}1 = 3{,}87\ \%$

## 1.2 Pascal-Verteilung

Die Pascal-Verteilung ist die Wartezeit auf den r-ten Treffer. Tritt er im k-ten Versuch ein ($k \geq r$), dann müssen bereits $r-1$ Treffer unter den $k-1$ Versuchen aufgetreten sein. Da der r-te Treffer im k-ten Versuch festliegt, gilt für die r Treffer und $k-r$ Nichttreffer:

**Pascal-Verteilung**
Die Zufallsgröße Z, die die Anzahl der Versuche bis zum r-ten Treffer angibt, heißt pascal-verteilt mit den Parametern p und r, wenn für ihre Wahrscheinlichkeitsverteilung gilt:

$$P(Z=k) = \binom{k-1}{r-1} \cdot p^r \cdot (1-p)^{k-r}, \ k \in \mathbb{N} \wedge k \geq r$$

Anmerkungen:
- Bis zum Eintreten des r-ten Treffers können unendlich viele Versuche benötigt werden. Es liegt eine Wahrscheinlichkeitsverteilung vor, weil die Summe aller Wahrscheinlichkeiten den Wert 1 besitzt.
- Für die Maßzahlen gilt:

  $$E(Z) = \frac{r}{p}; \ Var(Z) = r \cdot \frac{1-p}{p^2}$$

Beispiel

Eine ideale Münze wird so lange geworfen, bis das sechste Mal Zahl erscheint.
Wie lange muss man im Mittel auf dieses Ereignis warten und welche Wahrscheinlichkeit besitzt es?

Lösung:
Die mittlere Anzahl der Versuche erhält man aus dem Erwartungswert:

$$E(Z) = \frac{6}{\frac{1}{2}} = 12$$

Die gesuchte Wahrscheinlichkeit erhält man zu

$$P(Z=12) = \binom{12-1}{6-1} \cdot \left(\frac{1}{2}\right)^6 \cdot \left(\frac{1}{2}\right)^6 = \binom{11}{5} \cdot \left(\frac{1}{2}\right)^6 \cdot \left(\frac{1}{2}\right)^6 = 11{,}28\ \%$$

## 1.3 Multinomialverteilung

Fragt man beim Ziehen aus einer Urne nicht nur nach einem Merkmal, sondern untersucht das Auftreten von mehreren, so spricht man von einer **Multinomialverteilung**. Man unterscheidet:

**Ziehen ohne Zurücklegen**

Zieht man aus einer Urne mit N Kugeln, die $K_1$ rote, $K_2$ gelbe, …, $K_r$ schwarze Kugeln enthält, n Kugeln ohne Zurücklegen, so erhält man $k_1$ rote, $k_2$ gelbe, …, $k_r$ schwarze Kugeln mit einer Wahrscheinlichkeit

$$P(Z_1 = k_1 \wedge Z_2 = k_2 \wedge \ldots \wedge Z_r = k_r) = \frac{\binom{K_1}{k_1} \cdot \binom{K_2}{k_2} \cdot \ldots \cdot \binom{K_r}{k_r}}{\binom{N}{n}}$$

mit $K_1 + K_2 + \ldots + K_r = N$ und $k_1 + k_2 + \ldots + k_r = n$

Anmerkungen:

- Man nennt diese Verteilung auch **verallgemeinerte hypergeometrische Verteilung**.
- Die Farben rot, gelb, …, schwarz können durch andere Merkmale, das Ziehen aus der Urne durch ein anderes Zufallsexperiment ersetzt werden.

**Beispiel** In einem Lostopf befinden sich noch 20 Lose, sechs Gewinne, vier Freilose und zehn Nieten. Karel kauft fünf Lose.
Mit welcher Wahrscheinlichkeit hat er einen Gewinn, ein Freilos und drei Nieten gezogen?

Lösung:

Mit der obigen Formel erhält man für die gesuchte Wahrscheinlichkeit

$$P(Z_1 = 1 \wedge Z_2 = 1 \wedge Z_3 = 3) = \frac{\binom{6}{1} \cdot \binom{4}{1} \cdot \binom{10}{3}}{\binom{20}{5}} = 18{,}58\ \%$$

**Ziehen mit Zurücklegen**
(verallgemeinerte Binomialverteilung)
Die Anteile roter, gelber, …, schwarzer Kugeln in einer Urne seien $p_1, p_2, \ldots, p_r$. Zieht man aus dieser Urne n Kugeln mit Zurücklegen, so erhält man $k_1$ rote, $k_2$ gelbe, … $k_r$ schwarze mit der Wahrscheinlichkeit

$$P(Z_1 = k_1 \wedge Z_2 = k_2 \wedge \ldots \wedge Z_r = k_r) =$$
$$= \frac{n!}{k_1! \cdot k_2! \cdot \ldots \cdot k_r!} \cdot p_1^{k_1} \cdot p_2^{k_2} \cdot \ldots \cdot p_r^{k_r}$$

**Beispiel**

Ein Vorortzug besitzt drei Wagen, wobei der erste Wagen beim Einsteigen mit einer Wahrscheinlichkeit von 50 %, die beiden restlichen mit jeweils 25 % ausgewählt werden. Am Startbahnhof steigen zwölf Personen ein.
Mit welcher Wahrscheinlichkeit steigen sechs Personen in den ersten und jeweils drei Personen in den zweiten und dritten Wagen ein?

Lösung:
Mithilfe obiger Formel erhält man die gesuchte Wahrscheinlichkeit zu

$$P(Z_1 = 6 \wedge Z_2 = 3 \wedge Z_3 = 3) =$$
$$= \frac{12!}{6! \cdot 3! \cdot 3!} \cdot 0{,}5^6 \cdot 0{,}25^3 \cdot 0{,}25^3 = 7{,}05\ \%$$

## 1.4 Exponentialverteilung

Die Exponentialverteilung, eine stetige Wahrscheinlichkeitsverteilung, hat viele Anwendungsmöglichkeiten: Zufällige Zeitdauern bei Reparaturarbeiten, bis zum Ausfall eines Bauelements, einer Dienstleistung etc. werden genau so von einer Exponentialverteilung beschrieben wie Zuverlässigkeitsuntersuchungen und Lebensdauerprobleme. Dabei gilt:

**Exponentialverteilung**
Eine stetige Zufallsgröße X heißt exponential verteilt mit dem Parameter $a > 0$, wenn für ihre Dichtefunktion f gilt:

$$f\colon\ x \mapsto f(x) = \begin{cases} a \cdot e^{-ax} & \text{für } x \geq 0 \\ 0 & \text{für } x < 0 \end{cases}$$

Anmerkungen:

- Die Verteilungsfunktion F ergibt sich zu

$$F\colon\ x \mapsto F(x) = \begin{cases} 1 - e^{-ax} & \text{für } x \geq 0 \\ 0 & \text{für } x < 0 \end{cases}$$

- Für die Maßzahlen erhält man:

$\mathbf{E(X) = \frac{1}{a}}$; $\mathbf{Var(X) = \frac{1}{a^2}}$, d. h. $\boldsymbol{\sigma(X) = \frac{1}{a}}$, weil $a > 0$ gilt.

**Beispiel** 1. Karl-Friedrich führt von seinem Dienstapparat auch Privatgespräche. Die Dauer X eines Privatgesprächs sei exponential verteilt mit dem Parameter $a = 0{,}2\,\frac{1}{\text{Min}}$.
Bestimme die mittlere Dauer eines privaten Telefongesprächs von Karl-Friedrich.

Lösung:
Mithilfe des Erwartungswertes erhält man

$E(X) = \frac{1}{a} = \frac{1}{0{,}2}\,\text{Min} = 5\text{ Min}$ als mittlere Dauer eines privaten Telefongesprächs.

2. Die Lebensdauer X (in Tagen) eines Bauelements sei exponential verteilt mit dem Parameter $a = 0{,}01$.
Bestimme die Dichtefunktion f und die Verteilungsfunktion F der Zufallsgröße X und berechne die Wahrscheinlichkeit, dass die Lebensdauer eines Bauelements mindestens 60 Tage beträgt.

Lösung:

Dichtefunktion:

$$f\colon\ x \mapsto f(x) = \begin{cases} 0{,}01 \cdot e^{-0{,}01 \cdot x} & \text{für } x \geq 0 \\ 0 & \text{für } x < 0 \end{cases}$$

Verteilungsfunktion:

$$F\colon\ x \mapsto F(x) = \begin{cases} 1 - e^{-0{,}01 \cdot x} & \text{für } x \geq 0 \\ 0 & \text{für } x < 0 \end{cases}$$

Gesucht ist die Wahrscheinlichkeit

$$P(X \geq 60) = 1 - P(X < 60) = 1 - F(60) = e^{-0{,}01 \cdot 60} = 54{,}88\ \%$$

# 2 $\chi^2$-Test

## 2.1 $\chi^2$-Verteilung

Die $\chi^2$-Verteilung wurde von F. Helmert eingeführt, um die Verteilung der Summe der Quadrate von n normalverteilten Zufallsgrößen zu beschreiben, d. h. die Verteilung der Zufallsgröße $X = \chi^2 = X_1^2 + X_2^2 + \ldots + X_n^2$. Quadratsummen treten häufig dort auf, wo die Abweichungen empirischer Werte von theoretischen Werten untersucht werden, etwa die der relativen Häufigkeiten $h_n$ von der Wahrscheinlichkeit p. Es gilt:

**$\chi^2$-Verteilung**

Die Zufallsgröße $\mathbf{X = \chi^2 = \sum_{k=1}^{n} X_k^2}$ ($X_k$ normalverteilte Zufallsgrößen) ist $\chi^2$-verteilt mit n Freiheitsgraden, wenn für ihre Dichtefunktion $f_n$ gilt:

$$f_n\colon\ x \mapsto f_n(x) = \begin{cases} c_n \cdot x^{\frac{1}{2}(n-2)} \cdot e^{-\frac{1}{2}x} & \text{für } x > 0 \\ 0 & \text{für } x \le 0 \end{cases}$$

wobei die Werte x die der Zufallsgrößen $X = \chi^2$ sind.

- Die Koeffizienten $c_n$ hängen von einer in der Schule nicht besprochenen Funktion, der Gammafunktion ab. Man erhält als Koeffizienten:

  $$c_1 = \frac{1}{\sqrt{2\pi}};\ c_2 = \frac{1}{2};\ c_3 = \frac{1}{\sqrt{2\pi}};$$

  $$c_4 = \frac{1}{4};\ c_5 = \frac{1}{3\sqrt{2\pi}};\ c_6 = \frac{1}{16}\quad \text{usw.}$$

- Die Verteilungsfunktion einer $\chi^2$-verteilten Zufallsgröße X ergibt sich zu

  $$F_n\colon\ x \mapsto F_n(x) = \begin{cases} c_n \cdot \int_0^x z^{\frac{1}{2}(n-2)} \cdot e^{-\frac{1}{2}z}\, dz & \text{für } x > 0 \\ 0 & \text{für } x \le 0 \end{cases}$$

- Als **Freiheitsgrad** bezeichnet man die Anzahl der frei verfügbaren Werte in einer statistischen Untersuchung. Von den n Werten $X_1, X_2, ..., X_n$ in $\chi^2 = X_1^2 + X_2^2 + ... + X_n^2$ sind nur $n^* = n - 1$ unabhängig, weil man immer einen der Werte durch die restlichen $n - 1$ ausdrücken kann.
- Für die Maßzahlen einer $\chi^2$-verteilten Zufallsgröße X gilt: $\mathbf{E(X) = n; Var(X) = 2n; \sigma(X) = \sqrt{2n}}$, wobei n die Anzahl der Freiheitsgrade ist.
- Für hinreichend große Werte n lässt sich die Verteilungsfunktion einer $\chi^2$-verteilten Zufallsgröße X durch die Normalverteilung annähern. Es gilt:

$$F_n(x) \approx \Phi\left(\frac{x - n}{\sqrt{2n}}\right)$$

- Die Verteilungsfunktionen $F_n$ sind tabelliert. Im Folgenden ist ein Tabellenauszug der Quantile der $\chi^2$-Verteilung für Anwendungen abgedruckt. In der Tabelle gibt $n^*$ die Anzahl der Freiheitsgrade an.

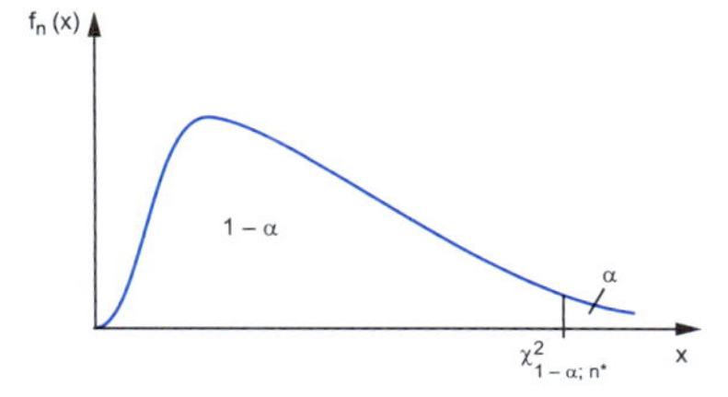

Quantile $\chi^2_{1-\alpha;\, n*}$ der $\chi^2$-Verteilung

| $n^*$ | $\chi^2_{0,01;\, n*}$ | $\chi^2_{0,025;\, n*}$ | $\chi^2_{0,05;\, n*}$ | $\chi^2_{0,90;\, n*}$ | $\chi^2_{0,95;\, n*}$ | $\chi^2_{0,975;\, n*}$ | $\chi^2_{0,99;\, n*}$ | $\chi^2_{0,999;\, n*}$ |
|---|---|---|---|---|---|---|---|---|
| 1 | 0,000 | 0,000 | 0,004 | 2,71 | 3,84 | 5,02 | 6,63 | 10,83 |
| 2 | 0,020 | 0,051 | 0,103 | 4,61 | 5,99 | 7,38 | 9,21 | 13,81 |
| 3 | 0,115 | 0,216 | 0,352 | 6,25 | 7,81 | 9,35 | 11,35 | 16,26 |
| 4 | 0,297 | 0,484 | 0,711 | 7,78 | 9,49 | 11,14 | 13,28 | 18,47 |
| 5 | 0,554 | 0,831 | 1,15 | 9,24 | 11,07 | 12,83 | 15,08 | 20,41 |
| 6 | 0,872 | 1,24 | 1,64 | 10,64 | 12,59 | 14,45 | 6,81 | 22,46 |
| 7 | 1,24 | 1,69 | 2,17 | 12,01 | 14,06 | 16,01 | 18,47 | 24,32 |
| 8 | 1,64 | 2,18 | 2,73 | 13,36 | 15,51 | 17,53 | 20,09 | 26,13 |
| 9 | 2,09 | 2,70 | 3,33 | 14,68 | 16,92 | 19,02 | 21,67 | 27,88 |
| 10 | 2,56 | 3,25 | 3,94 | 15,99 | 18,31 | 20,48 | 23,21 | 29,59 |
| 11 | 3,05 | 3,82 | 4,57 | 17,27 | 19,67 | 21,92 | 24,72 | 31,26 |
| 12 | 3,57 | 4,40 | 5,23 | 18,55 | 21,03 | 23,34 | 26,22 | 32,91 |
| 13 | 4,11 | 5,01 | 5,89 | 19,81 | 22,36 | 24,74 | 27,69 | 34,53 |
| 14 | 4,66 | 5,63 | 6,57 | 21,06 | 23,68 | 26,12 | 29,14 | 36,12 |
| 15 | 5,23 | 6,26 | 7,26 | 22,31 | 25,00 | 27,49 | 30,58 | 37,70 |
| 16 | 5,81 | 6,91 | 7,96 | 23,54 | 26,30 | 28,85 | 32,00 | 39,25 |
| 17 | 6,41 | 7,56 | 8,67 | 24,77 | 27,59 | 30,19 | 33,41 | 40,79 |
| 18 | 7,01 | 8,23 | 9,39 | 25,99 | 28,87 | 31,53 | 34,81 | 42,31 |
| 19 | 7,63 | 8,91 | 10,12 | 27,20 | 30,14 | 32,85 | 36,19 | 43,82 |
| 20 | 8,26 | 9,59 | 10,85 | 28,41 | 31,41 | 34,17 | 37,57 | 45,31 |
| 25 | 11,52 | 13,12 | 14,61 | 34,38 | 37,65 | 40,65 | 44,31 | 53,62 |
| 30 | 14,95 | 16,79 | 18,49 | 40,26 | 43,77 | 46,98 | 50,89 | 59,70 |
| 35 | 18,51 | 20,57 | 222,46 | 46,06 | 49,80 | 53,20 | 57,34 | 66,62 |
| 40 | 22,17 | 24,43 | 26,51 | 51,81 | 55,76 | 59,34 | 63,69 | 73,40 |
| 45 | 25,90 | 28,37 | 30,61 | 57,51 | 61,66 | 65,41 | 69,96 | 80,08 |
| 50 | 29,71 | 32,36 | 34,76 | 63,17 | 67,51 | 71,42 | 76,15 | 86,66 |
| 100 | 70,07 | 74,22 | 77,93 | 118,50 | 124,56 | 129,56 | 135,81 | 149,45 |

**Beispiel** X sei eine $\chi^2$-verteilte Zufallsgröße mit $n^* = 20$ Freiheitsgraden. Bestimme $P(X \leq 31{,}41)$.

Lösung:
Aus der Tabelle liest man ab: $P(X \leq 31{,}41) = 0{,}95$
Mit der Näherung durch die Normalverteilung ergibt sich:

$$P(X \leq 31{,}41) \approx \Phi\left(\frac{31{,}41 - 20}{\sqrt{2 \cdot 20}}\right) = \Phi(1{,}80) = 0{,}96$$

## 2.2 $\chi^2$-Anpassungstest

Bei einem Anpassungstest wird die Güte der Anpassung einer empirischen Stichprobenverteilung an eine theoretische Verteilung überprüft. Beim $\chi^2$-Anpassungstest wird zur Beurteilung einer Nullhypothese $H_0$ die Wertemenge der Zufallsgröße X (d. h. die x-Achse) in k Klassen (Teilintervalle) zerlegt. Die Anzahlen $n_i$ der in der Klasse liegenden Werte werden mit den theoretischen Anzahlen $n \cdot p_i$ verglichen, wobei

$\sum_{i=1}^{k} n_i = n$ und $\sum_{i=1}^{k} p_i = 1$ gilt.

Als Testgröße empfiehlt sich die Zufallsvariable T, die die Testwerte $\chi^2 = \sum_{i=1}^{k} \frac{(n_i - n \cdot p_i)^2}{n \cdot p_i}$ besitzt. Diese Zufallsvariable T ist $\chi^2$-verteilt mit $n^* = k - 1$ Freiheitsgraden, d. h. die Werte der Testgröße T werden mit der $\chi^2$-Verteilung verglichen. Zum Signifikanzniveau $\alpha$ wird die zugehörige Schranke $\chi^2_{1-\alpha;\, n^*}$ bestimmt. $H_0$ wird verworfen, wenn der Testwert zu hoch ist, d. h. falls $\chi^2 > \chi^2_{1-\alpha;\, n^*}$ gilt, ansonsten, d. h. bei kleinen Werten der Testgröße, nicht verworfen.

Anmerkungen:

- Die Intervalleinteilung (der Wertemenge) muss so vorgenommen werden, dass gilt:
  (1) $n \cdot p_i \geq 4$.
  (2) Höchstens $\frac{k}{5}$ der Zahlen $n \cdot p_i$ sind kleiner als 5.
  (3) Für $k = 2$ muss $n \geq 30 \wedge n \cdot p_1 > 5 \wedge n \cdot p_2 > 5$ gelten.
- Es gilt auch: $\chi^2 = \sum_{i=1}^{k} \frac{(n_i - n \cdot p_i)^2}{n \cdot p_i} = \frac{1}{n} \cdot \sum_{i=1}^{k} \frac{n_i^2}{p_i} - n$
- Müssen zur Bestimmung der theoretischen Verteilung aus der Stichprobe r Parameter geschätzt werden, so verringert sich die Anzahl der Freiheitsgrade auf $n^* = k - 1 - r$.

Wenn diese Bedingungen erfüllt sind, ergibt sich der folgende Ablauf eines **$\chi^2$-Tests**:

1. Ermittle für jedes Intervall die Anzahl $n_i$ der Werte $x_i$, die in diesem Intervall liegen.
2. Berechne für jedes Intervall den „Idealwert" $n \cdot p_i$
3. Berechne $\chi^2 = \sum_{i=1}^{k} \frac{(n_i - n \cdot p_i)^2}{n \cdot p_i}$
4. Ermittle zum gegebenen Signifikanzniveau $\alpha$ die Schranke $\chi^2_{1-\alpha;\, n^*}$
5. Lehne $H_0$ ab, falls $\chi^2 > \chi^2_{1-\alpha;\, n^*}$ gilt.

**Beispiel** Ein Würfel wird 60-mal geworfen. Es ergab sich folgende Verteilung:

| $i$ | 1 | 2 | 3 | 4 | 5 | 6 |
|---|---|---|---|---|---|---|
| $n_i$ | 12 | 7 | 9 | 11 | 10 | 11 |

Überprüfe auf dem Signifikanzniveau 5 %, ob der Würfel als idealer Würfel angesehen werden kann.

Lösung:

Die idealen Werte pro Klasse wären $n \cdot p_i = 60 \cdot \frac{1}{6} = 10.$ Für den $\chi^2$-Test mit $n^* = 6 - 1 = 5$ Freiheitsgraden ergibt sich die folgende Testgröße:

$$\chi^2 = \frac{(12-10)^2}{10} + \frac{(7-10)^2}{10} + \frac{(9-10)^2}{10} + \frac{(11-10)^2}{10} + \frac{(10-10)^2}{10} + \frac{(11-10)^2}{10} = 1{,}6$$

Aus der Tabelle liest man als Schranke ab: $\chi_{0,95;\,5} = 11{,}07$

Wegen $\chi^2 = 1{,}6 < 11{,}07 = \chi^2_{0,95;\,5}$ kann die Hypothese $H_0$, dass ein idealer Würfel vorliegt, nicht verworfen werden.

## 2.3 $\chi^2$-Unabhängigkeitstest

Häufig wird der $\chi^2$-Test zur Prüfung der Unabhängigkeit von zwei Merkmalen in einer Feldertafel verwendet. Der Ablauf des Tests ist der unter 2.2. beschriebene, wobei jetzt die theoretischen $n \cdot p_i$ sich errechnen, wenn man von Unabhängigkeit ausgeht und die Randwerte der Feldertafel miteinander multipliziert. Wenn die Anzahl der Spalten in der Feldertafel r und die Anzahl der Zeilen s ist, dann liegen $n^* = (r-1) \cdot (s-1)$ Freiheitsgrade vor.

**Beispiel**

Man vermutet, dass Rauchen und Husten nicht unabhängig voneinander sind. Es wurden 100 Patienten untersucht und es ergab sich die folgende Vierfeldertafel

| | Husten | Kein Husten | |
|---|---|---|---|
| Raucher | 32 | 10 | 42 |
| Nichtraucher | 21 | 37 | 58 |
| | 53 | 47 | 100 |

Überprüfe auf dem Signifikanzniveau 5 %, ob Rauchen und Husten unabhängig voneinander sind.

Lösung:
Man bestimmt die Tabelle der idealen Werte bei angenommenen Unabhängigkeit, z. B. erhält man als ideale Anzahl von „Rauchern“ und „Husten“ $\frac{42 \cdot 53}{100} = 22,26$ usw.

Tabelle der idealen Werte:

| | Husten | Kein Husten | |
|---|---|---|---|
| Raucher | 22,26 | 19,74 | 42 |
| Nichtraucher | 30,74 | 27,26 | 58 |
| | 53 | 47 | 100 |

Als Testgröße erhält man:

$$\chi^2 = \frac{(32-22{,}26)^2}{22{,}26} + \frac{(10-19{,}74)^2}{19{,}74} + \frac{(21-30{,}74^2)}{30{,}74} + \frac{(37-27{,}26)^2}{27{,}26} =$$

$$= 15{,}65$$

Es liegt $n^* = (2-1) \cdot (2-1) = 1$ Freiheitsgrad vor.

Aus der Tabelle liest man als Schranke ab: $\chi^2_{0,95;1} = 3{,}84$

Wegen $\chi^2 = 15{,}65 > 3{,}84 = \chi^2_{0,95;1}$ muss $H_0$ abgelehnt werden, d. h. die Merkmale Rauchen und Husten treten nicht unabhängig voneinander auf.

## 2.4 $\chi^2$-Test und Konfidenzintervall für die Varianz $\sigma^2$

Das arithmetische Mittel $\overline{x} = \frac{1}{n}\sum_{i=1}^{n} x_i$ bzw. die empirische Varianz $s^2 = \frac{1}{n-1}\sum (x_i - \overline{x})^2$ sind erwartungstreue Schätzungen für den Erwartungswert $\mu$ und die Varianz $\sigma^2$ einer normalverteilten Zufallsgröße X. Es gilt Folgendes:

Bezeichnet $\sigma_0^2$ einen hypothetischen Wert für $\sigma^2$, so ist die Testgröße $\chi^2 = \frac{(n-1) \cdot s^2}{\sigma_0^2}$ bei Vorliegen einer Stichprobe der Länge n der Wert einer $\chi^2$-verteilten Testfunktion mit $n^* = n-1$ Freiheitsgraden, wenn $\sigma^2 = \sigma_0^2$ zutrifft, d. h. sie kann zum Testen für Hypothesen über die Varianz $\sigma^2$ verwendet werden.

Ein Konfidenzintervall I zur Sicherheit $\gamma = 1-\alpha$ für die Varianz $\sigma^2$ bzw. für die Standardabweichung $\sigma$ lässt sich über

$$\mathbf{I} = \left[\frac{(n-1)s^2}{a_1}; \frac{(n-1)s^2}{a_2}\right] \quad \text{bzw.} \quad \mathbf{I} = \left[s \cdot \sqrt{\frac{n-1}{a_1}}; s \cdot \sqrt{\frac{n-1}{a_2}}\right]$$

bestimmen, wobei $a_1 = \chi^2_{1-\frac{\alpha}{2}; n^*}$ und $a_2 = \chi^2_{\frac{\alpha}{2}; n^*}$ die entsprechenden Quantile der $\chi^2$-Verteilung sind.

Im Beispiel auf Seite 102 wurde bei der Abgassonderuntersuchung von 50 Kfz eine Stichprobenvarianz $s^2 = 0{,}36$ festgestellt.

Beispiel

a) Überprüfe auf dem Signifikanzniveau 5 %, ob die Vermutung, dass die Varianz einen Wert kleiner als 0,30 besitzt, aufgrund dieser Stichprobe aufrecht erhalten werden kann.
b) Bestimme für die Varianz $\sigma^2$ ein Konfidenzintervall zur Sicherheit $\gamma = 90\,\%$.

Lösung:

a) Getestet wird die Nullhypothese $H_0: \sigma_0^2 < 0{,}30$

Als Testgröße erhält man:

$$\chi^2 = \frac{(n-1)\cdot s^2}{\sigma_0^2} = \frac{49\cdot 0{,}36}{0{,}30} = 58{,}8$$

Aus der Tabelle erhält man die Schranke näherungsweise zu

$$\chi^2_{0{,}95;\,49} \approx \chi^2_{0{,}95;\,50} = 67{,}51.$$

Wegen $\chi^2 = 58{,}8 < 67{,}51 = \chi^2_{0{,}95;\,49}$ kann $H_0$ nicht abgelehnt werden, d. h. die Stichprobe führt noch nicht auf eine signifikante Abweichung von der Vermutung.

b) Man bestimmt die Werte $a_1$, $a_2$ aus der Tabelle mithilfe linearer Interpolation, da $n^* = 49$ Freiheitsgrade in der Tabelle nicht vorhanden sind.

$$a_1 = 30{,}61 + 0{,}8\cdot(34{,}76 - 30{,}61) = 33{,}93$$
$$a_2 = 61{,}66 + 0{,}8\cdot(67{,}51 - 61{,}66) = 66{,}34$$

Damit erhält man als 90 %-Konfidenzintervall für $\sigma^2$:

$$I = \left[\frac{49\cdot 0{,}36}{66{,}34}; \frac{49\cdot 0{,}36}{33{,}93}\right] = [0{,}27; 0{,}52]$$

# 3 Grundbegriffe der beschreibenden Statistik

Die beschreibende Statistik beschäftigt sich mit dem Planen und Durchführen statistischer Erhebungen sowie der Aufbereitung und Auswertung der dabei gewonnenen Daten. Die Untersuchung solcher statistischer Massen, d. h. Grundgesamtheiten kann nicht immer in einer **Vollerhebung** erfolgen. In den meisten Fällen beschränkt man sich auf eine Auswahl, d. h. auf eine **Stichprobe**, die zwar gewisse, aber keine sicheren Auskünfte über die Grundgesamtheit gibt.

## 3.1 Merkmale und eindimensionale Häufigkeitsverteilung

Die Beobachtung (Befragung, Untersuchung, Messung etc.) richtet sich auf ein **Merkmal**, d. h. eine statistische Erhebung beobachtet an **Merkmalsträgern** ein Merkmal in **Merkmalsausprägungen**.

**Beispiel**

| | |
|---|---|
| Statistische Masse (= Grundgesamtheit): | Schule |
| Merkmalsträger: | Schüler der Schule |
| Merkmal: | Religionszugehörigkeit |
| Merkmalsausprägungen: | ohne Bekenntnis, Ev, kath, ... |

Man unterscheidet:
**qualitative Merkmale**, wie die Konfession,
**Rangmerkmale**, wie Güteklassen bei der Produktion und
**quantitative Merkmale**, z. B. Schülerzahl pro Klasse, Körperlänge.

Bei einer statistischen Erhebung erhält man eine Liste von Werten, die **Urliste**. Tritt eine Merkmalsausprägung x des Merkmals X in der Urliste $n_i$-mal auf, so heißt $n_i$ die **absolute,** $h_n(x_i) = \frac{n_i}{n}$ die **relative** Häufigkeit der Merkmalsausprägung $x_i$. Die Häufigkeitsverteilung kann man als Kreisdiagramm, Stabdiagramm, Säulendiagramm, Stängel-Blatt-Diagramm darstellen.

**Beispiel**

In der Klasse 8 a befinden sich 25 Schüler, die einzeln nach ihrem Alter (in Jahren) befragt wurden. Es ergab sich die folgende Urliste:
14, 14, 15, 13, 16, 14, 15, 14, 14, 13, 14, 15, 16, 14, 14, 15, 13, 13, 14, 15, 14, 14, 15, 15, 13
Das ergibt die folgende Tabelle der absoluten und relativen Häufigkeiten:

| Anzahl $x_i$ | 13 | 14 | 15 | 16 |
|---|---|---|---|---|
| Anzahl $n_i$ | 4 | 12 | 7 | 2 |
| Rel. Häufigkeit | 0,16 | 0,48 | 0,28 | 0,08 |

Darstellung der Häufigkeitsverteilung:

**Kreisdiagramm:**

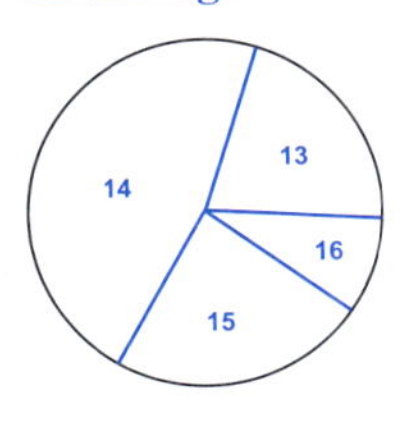


**Stabdiagramm:**

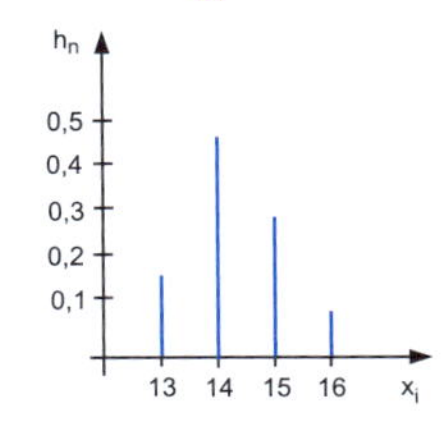


**Säulendiagramm:**

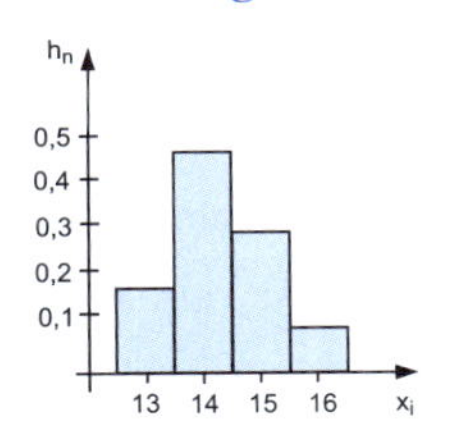


**Stängel-Blatt-Diagramm:**

## 3.2 Maßzahlen eindimensionaler Häufigkeitsverteilung

Will man das Datenmaterial auf wenige Zahlenwerte „verdichten“, so bedient man sich der **statistischen Maßzahlen**, zu denen die **Lageparameter (Mittelwerte)** und die **Streumaße** gehören. Daneben gibt es noch Maßzahlen für die Konzentration sowie Verhältnis- und Indexzahlen, auf die hier nicht eingegangen wird.
Ein **Lageparameter** gibt einen Wert auf der Merkmalsachse an, um den sich die Merkmalswerte gruppieren. Es gibt verschiedene solche Werte, die anhand des folgenden Beispiels verdeutlicht werden sollen.

**Beispiel** Urliste der Mathematiknoten der 25 Schüler einer 11. Klasse in einer Schulaufgabe:
2, 3, 4, 1, 5, 6, 2, 5, 4, 1, 3, 4, 3, 2, 2, 1, 5, 2, 3, 2, 6, 1, 2, 3, 4
Die Noten werden geordnet und die Tabelle der absoluten und relativen Häufigkeit bestimmt.
1, 1, 1, 1, 2, 2, 2, 2, 2, 2, 2, 3, 3, 3, 3, 3, 4, 4, 4, 4, 5, 5, 5, 6, 6

| Note $x_i$ | 1 | 2 | 3 | 4 | 5 | 6 |
|---|---|---|---|---|---|---|
| absolute Häufigkeit | 4 | 7 | 5 | 4 | 3 | 2 |
| rel. Häufigkeit | 0,16 | 0,28 | 0,20 | 0,16 | 0,12 | 0,08 |

### Median m (Zentralwert m)

Der Median m ist der mittlere Wert der geordneten Stichprobe, d. h. $m = x_{\frac{n+1}{2}}$, falls n ungerade bzw. $m = \frac{1}{2}(x_{\frac{n}{2}} + x_{\frac{n}{2}+1})$, falls n gerade. Im Beispiel gilt: $m = 3$

### p-Quantil $x_p$

Das p-Quantil $x_p$ ist der Wert der Stichprobe mit der Eigenschaft, dass höchstens p % der Merkmalswerte kleiner und höchstens 100 % – p % der Merkmalswerte größer als $x_p$ sind.
Es gilt: $x_{0,5} = m$ (Median)
$x_{0,75}$: oberes Quartil $x_{0,25}$: unteres Quartil
Im Beispiel gilt: $x_{0,75} = 4$; $x_{0,25} = 2$; $x_{0,9} = 5$ etc.

### Modalwert d (Modus d, Dichtemittel d)

Der Modalwert d ist derjenige Wert $x_i$, der am häufigsten auftritt, d. h. die größte relative Häufigkeit besitzt.
Im Beispiel gilt: $d = 2$

### Arithmetisches Mittel $\overline{x}$

$$\overline{x} = \frac{x_1 + x_2 + \ldots + x_n}{n} = \frac{1}{n}\sum_{i=1}^{n} x_i \quad \text{bzw.} \quad \overline{x} = \frac{n_1 \cdot x_1 + n_2 \cdot x_2 + \ldots + n_k \cdot x_k}{n_1 + n_2 + \ldots n_k},$$

falls der Wert $x_i$ mit der Häufigkeit $n_i$ auftritt.
Im Beispiel gilt:

$$\overline{x} = \frac{4 \cdot 1 + 7 \cdot 2 + 5 \cdot 3 + 4 \cdot 4 + 3 \cdot 5 + 2 \cdot 6}{25} = 3{,}04$$

Daneben gibt es weitere Mittelwerte, die aber nur in speziellen Fällen Verwendung finden.

**Geometrisches Mittel $m_g$**, wenn die Unterschiede zwischen den Merkmalswerten nicht durch die Differenz, sondern durch das Verhältnis bestimmt sind, wie z. B. bei Wachstumsprozessen.

$$m_g = \sqrt[n]{x_1 \cdot x_2 \cdot \ldots \cdot x_n}$$

**Harmonisches Mittel $m_h$**, wenn die Messwerte Brüche mit konstanten Zählern sind, wie z. B. bei Geschwindigkeiten bei konstanten Entfernungen. Es gilt:

$$m_h = \frac{n}{\frac{1}{x_1} + \frac{1}{x_2} + \ldots + \frac{1}{x_n}}$$

Ein **Streuungsparameter** ist eine Maßzahl, die eine Aussage über die Abweichung der Werte vom gewählten Mittelwert macht. Es gibt verschiedene solcher Werte, die ebenfalls am obigen Beispiel erläutert werden sollen.

### Spannweite r

Die Spannweite r ist die Differenz zwischen dem größten und dem kleinsten Wert, d. h. $r = x_{max} - x_{min}$.
Im Beispiel gilt: $r = 6 - 1 = 5$

### Quartilsabstand R

Der Quartilsabstand R ist die Differenz zwischen dem oberen und dem unteren Quartil, d. h. $R = x_{0,75} - x_{0,25}$.

Im Beispiel gilt: $R = 4 - 2 = 2$

### Mittlere absolute Abweichung e

Die mittlere absolute Abweichung e ist das Mittel der Summe der Absolutwerte der Abweichungen vom Mittelwert.

Für das arithmetische Mittel $\overline{x}$ als Mittelwert erhält man:

$$e = \frac{1}{n}\sum_{i=1}^{n} |x_i - \overline{x}|$$

Im Beispiel gilt:

$$e = \frac{1}{25}(4 \cdot 2{,}01 + 7 \cdot 1{,}04 + 5 \cdot 0{,}04 + 4 \cdot 0{,}96 + 3 \cdot 1{,}96 + 2 \cdot 2{,}96) = \\ = 1{,}2512$$

### Stichprobenvarianz s² und Stichprobenstandardabweichung s

Die Stichprobenvarianz $s^2$ ist die durch $n - 1$ dividierte Summe der quadratischen Abweichungen vom Mittelwert $\overline{x}$, d. h. es gilt

$$s^2 = \frac{1}{n-1}\sum_{i=1}^{n} (x_i - \overline{x})^2$$

Im Beispiel gilt:

$$s^2 = \frac{1}{24}(4 \cdot 2{,}04^2 + 7 \cdot 1{,}04^2 + 5 \cdot 0{,}04^2 + 4 \cdot 0{,}96^2 + 3 \cdot 1{,}96^2 + \\ + 2 \cdot 2{,}96^2) = 2{,}37$$

Die Wurzel aus der Stichprobenvarianz $s^2$ ist die Stichprobenstandardabweichung s, d. h. es gilt:

$$s = \sqrt{s^2}$$

Im Beispiel gilt:

$$s = \sqrt{2{,}37} = 1{,}54$$

## 3.3 Mehrdimensionale Merkmale

Werden in einer statistischen Masse gleichzeitig mehrere Merkmale $X_1, X_2, ..., X_n$ betrachtet, so spricht man von einem **mehrdimensionalen Merkmal**. Mehrdimensionale Merkmale werden bevorzugt deshalb betrachtet, um mögliche Zusammenhänge zwischen den einzelnen Merkmalen beschreiben zu können. Am einfachsten ist es, den Zusammenhang zwischen zwei Merkmalen X und Y zu betrachten.
Die Messwerte können in einer Häufigkeitstabelle (Kontingenztabelle) dargestellt werden.

| Merkmal Y / Merkmal X | | Merkmalsausprägungen | | | | | | | Zeilensumme $n_{j}$ = Randverteilung von X |
|---|---|---|---|---|---|---|---|---|---|
| Merkmalsausprägungen | $x_1$ | $n_{11}$ | $n_{12}$ | ... | $n_{1j}$ | ... | $n_{1m}$ | | $n_{1.}$ |
| | $x_2$ | $n_{21}$ | $n_{22}$ | ... | $n_{2j}$ | ... | $n_{2m}$ | | $n_{2.}$ |
| | . | . | . | | . | | . | | |
| | . | . | . | | . | | . | | |
| | . | . | . | | . | | . | | |
| | $x_i$ | $n_{i1}$ | $n_{i2}$ | ... | $n_{ij}$ | ... | $n_{im}$ | | $n_{i.}$ |
| | . | . | . | | . | | . | | |
| | . | . | . | | . | | . | | |
| | . | . | . | | . | | . | | |
| | $x_k$ | $n_{k1}$ | $n_{k2}$ | ... | $n_{kj}$ | ... | $n_{km}$ | | $n_{k.}$ |
| Spaltensumme $n_{.j}$ = Randverteilung von Y | | $n_{.1}$ | $n_{.2}$ | | $n_{.3}$ | | $n_{.m}$ | | n |

Für $k = m = 2$ erhält man die aus der Wahrscheinlichkeitsrechnung bekannte **Vierfeldertafel**.
Die Merkmale X und Y heißen dabei **stochastisch unabhängig**, wenn für ihre relativen Häufigkeiten gilt:
$h_{ij} = h_{i.} \cdot h_{.j}$ für alle $i = 1, ..., k$ und $j = 1, ..., m$ mit
$h_{ij} = \frac{n_{ij}}{n}, h_{i.} = \frac{n_{i.}}{n}, h_{.j} = \frac{n_{.j}}{n}$.

**Beispiel** An 200 Versuchspersonen wurden die Merkmale X: „Rot-grünblind“ und Y: „Augenfarbe“ mit den Merkmalsausprägungen $x_1$: ja, $x_2$: nein, $y_1$: grau, $y_2$: grün, $y_3$: blau festgestellt.
Bestimme aus der folgenden Tabelle die relativen Häufigkeiten und überprüfe die Merkmale X und Y auf Unabhängigkeit.

| x \ y | $y_1$ | $y_2$ | $y_3$ | |
|---|---|---|---|---|
| $x_1$ | 16 | 20 | 4 | 40 |
| $x_2$ | 64 | 60 | 36 | 160 |
| | 80 | 80 | 40 | 200 |

Lösung:

Tabelle der relativen Häufigkeiten:

| x \ y | $y_1$ | $y_2$ | $y_3$ | |
|---|---|---|---|---|
| $x_1$ | 0,08 | 0,10 | 0,02 | 0,20 |
| $x_2$ | 0,32 | 0,30 | 0,08 | 0,80 |
| | 0,40 | 0,40 | 0,20 | 1 |

Wegen $h_{12} = 0{,}1 \neq 0{,}2 \cdot 0{,}4 = h_{1.} \cdot h_{.2}$ sind die Merkmale X und Y stochastisch abhängig.

Wenn die Merkmale X und Y stochastisch abhängig sind, möchte man dieses Abhängigkeitsverhältnis auch zahlenmäßig erfassen. Ein **Korrelationsmaß**, d. h. ein Maß des Zusammenhangs ist nur dann sinnvoll, wenn auch ein kausaler Zusammenhang zwischen den Merkmalen besteht, um Scheinkorrelationen zu vermeiden. Da Merkmale unterschiedlichster Art zusammentreffen, sind die wichtigsten Maße in der folgenden Tabelle zusammengestellt.

| | Qualitatives Merkmal | Rangmerkmal | Quantitatives Merkmal |
|---|---|---|---|
| Qualitatives Merkmal | **Kontingenzmaß**<br>$\chi^2 = \sum_{i=1}^{k} \sum_{j=1}^{m} \frac{\left(n_{ij} - \frac{n_{i\cdot} \cdot n_{\cdot j}}{n}\right)^2}{\frac{n_{i\cdot} \cdot n_{\cdot j}}{n}}$ heißt quadratische Kontingenz,<br>$\Phi = \sqrt{\frac{\chi^2}{n}}$ heißt **Phi-Koeffizient**, $\Phi^2 = \frac{\chi^2}{n}$ heißt mittlere quadratische Kontingenz und $\chi^R = \sqrt{\frac{\chi^2}{\chi^2 + n}}$ heißt **Pearson-Kontingenzkoeffizient**. | Es wird kein eigener Kontingenzkoeffizient definiert. Trotz des Informationsverlustes können die Kontingenzkoeffizienten aus Feld 1 verwendet werden. | $R_{Pb} = \frac{\overline{x} - \overline{y}}{s} = \sqrt{\frac{n_1 \cdot n_2}{n \cdot (n-1)}}$ heißt **punktbiserialer Korrelationskoeffizient**, wenn $\overline{x}$ und $\overline{y}$ die arithmetischen Mittel der x- bzw. y-Werte und s die Standardabweichung der vereinigten Beobachtungswerte sind und $n = n_1 + n_2$ gilt. |
| Rangmerkmal | Es wird kein eigener Kontingenzkoeffizient definiert. Trotz des Informationsverlustes können die Kontingenzkoeffizienten aus Feld 1 verwendet werden. | Wenn die Merkmale X und Y Rangfolgen mit natürlichen Zahlen und den Werten $x_i$ und $y_i$ sind, dann heißt<br>$R = 1 - \frac{6 \cdot \sum_{i=1}^{n} d_i}{n \cdot (n^2 - 1)}$<br>**Spearman-Rangkorrelationskoeffizient** mit $d_i = x_i - y_i$ und n = Anzahl der Rangplätze. | Trotz des Informationsverlustes können die „niedrigerwertigen" Koeffizienten $\chi^2, \Phi, \Phi^2, \chi^R, R_{Pb}$ und R verwendet werden. |
| Quantitatives Merkmal | $R_{Pb} = \frac{\overline{x} - \overline{y}}{s} = \sqrt{\frac{n_1 \cdot n_2}{n \cdot (n-1)}}$ heißt **punktbiserialer Korrelationskoeffizient**, wenn $\overline{x}$ und $\overline{y}$ die arithmetischen Mittel der x- bzw. y-Werte und s die Standardabweichung der vereinigten Beobachtungswerte sind und $n = n_1 + n_2$ gilt. | Trotz des Informationsverlustes können die „niedrigerwertigen" Koeffizienten $\chi^2, \Phi, \Phi^2, \chi^R, R_{Pb}$ und R verwendet werden. | $r = \frac{\sum_{i=1}^{n} (x_i - \overline{x}) \cdot (y_i - \overline{y})}{\sqrt{\sum_{i=1}^{n} (x_i - \overline{x})^2 \cdot \sum_{i=1}^{n} (y_i - \overline{y})^2}} = \frac{s_{xy}}{s_x \cdot s_y}$ heißt **Maßkorrelationskoeffizient** nach Bravais und Pearson mit<br>$s_{xy} = cov(x;y) = \frac{1}{n-1} \sum_{i=1}^{n} (x_i - \overline{x}) \cdot (y_i - \overline{y})$ der **Kovarianz** zwischen den Merkmalen X und Y. |

Beschreibt die Korrelation den Grad des Zusammenhangs zwischen zwei Merkmalen, so versucht die **Regression** die Vorhersage eines Wertes auf der Grundlage der Kenntnis eines anderen, aber korrelierten Merkmals. Liegt ein linearer Zusammenhang zwischen den beiden Merkmalen vor, so ergibt sich die **Regressionsgerade** $y = a \cdot (x - \overline{x}) + \overline{y}$ der y-Werte in Bezug auf die x-Werte mit der Steigung $a = \frac{s_{xy}}{s_x^2}$.

Bestimme für die folgende Stichprobe den Korrelationskoeffizienten r sowie die Regressionsgerade der y-Werte in Bezug auf die x-Werte. Zeichne die Punktemenge und die Regressionsgerade.

| $x_i$ | 1 | 2 | 3 | 4 | 5 | 6 |
|---|---|---|---|---|---|---|
| $y_i$ | 1 | 1 | 2 | 3 | 3 | 5 |

Lösung:

$$\overline{x} = \frac{1}{6}\sum_{i=1}^{6} x_i = \frac{21}{6} = 3{,}5$$

$$\overline{y} = \frac{1}{6}\sum_{i=1}^{6} y_i = \frac{16}{6} = 2{,}5$$

$$\begin{aligned} s_{xy} &= \frac{1}{n-1}\sum_{i=1}^{6} (x_i - \overline{x}) \cdot (y_i - \overline{y}) = \\ &= \frac{1}{5}((-2{,}5)(-1{,}5) + (-1{,}5)(-1{,}5) + (-0{,}5)(-0{,}5) + 0{,}5 \cdot 0{,}5 \\ &\quad + 1{,}5 \cdot 0{,}5 + 2{,}5 \cdot 2{,}5) \\ &= 2{,}7 \end{aligned}$$

$$s_x^2 = \frac{1}{n-1}\sum_{i=1}^{6} (x_i - \overline{x})^2 = \frac{1}{5}(2{,}5^2 + 1{,}5^2 + 0{,}5^2 + 1{,}5^2 + 2{,}5^2) = 3{,}5$$

$$\begin{aligned} s_y^2 &= \frac{1}{n-1}\sum_{i=1}^{6} (y_i - \overline{y})^2 = \\ &= \frac{1}{5}(1{,}5^2 + 1{,}5^2 + 0{,}5^2 + 0{,}5^2 + 0{,}5^2 + 2{,}5^2) = 2{,}3 \end{aligned}$$

Korrelationskoeffizient:

$r = \frac{s_{xy}}{s_x \cdot s_y} = \frac{2,7}{\sqrt{3,5 \cdot 2,3}} = 0,95$ (sehr hohe positive Korrelation!)

Regressionsgerade:

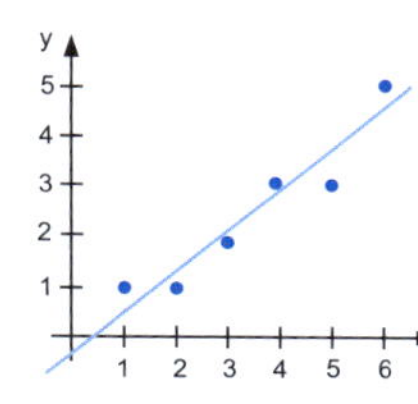


$a = \frac{s_{xy}}{s_x^2} = \frac{2,7}{3,5} = \frac{27}{35} \approx 0,77$

$y = \frac{27}{35}(x - 3,5) + 2,5 = \frac{27}{35}x - 0,2$

# Stichwortverzeichnis

# Ihre Meinung ist uns wichtig!

Ihre Anregungen sind uns immer willkommen. Bitte informieren Sie uns mit diesem Schein über Ihre Verbesserungsvorschläge!

| Titel-Nr. | Seite | Vorschlag |
|---|---|---|
| | | |
| | | |
| | | |
| | | |
| | | |
| | | |
| | | |
| | | |
| | | |

Bitte hier abtrennen

Bitte hier abtrennen

**Zutreffendes bitte ankreuzen! Die Absenderin/der Absender ist:**

- ☐ Lehrer/in in den Klassenstufen: ________
- ☐ Fachbetreuer/in
  Fächer: ________
- ☐ Seminarlehrer/in
  Fächer: ________
- ☐ Regierungsfachberater/in
  Fächer: ________
- ☐ Oberstufenbetreuer/in
- ☐ Schulleiter/in
- ☐ Referendar/in, Termin 2. Staatsexamen: ________
- ☐ Leiter/in Lehrerbibliothek
- ☐ Leiter/in Schülerbibliothek
- ☐ Sekretariat
- ☐ Eltern
- ☐ Schüler/in, Klasse: ________
- ☐ Sonstiges: ________

22-V1T_NW

Bitte ausfüllen und im frankierten Umschlag an uns einsenden. Für Fensterkuverts geeignet.

**STARK Verlag**
**Postfach 1852**
**85318 Freising**

**Kennen Sie Ihre Kundennummer? Bitte hier eintragen.**

**Absender** (Bitte in Druckbuchstaben!)

Name/Vorname

Straße/Nr.

PLZ/Ort/Ortsteil

Telefon privat

Geburtsjahr

E-Mail

**Schule/Schulstempel** (Bitte immer angeben!)

**Unterrichtsfächer:** (Bei Lehrkräften!)

*(Bitte blättern Sie um)*